VERDADE INVENTADA

LARISSA BRACHER

VERDADE INVENTADA

Corpo e **neurociência** na construção das **emoções** nos **palcos** e na **vida**

VESTÍGIO

DIREÇÃO EDITORIAL
Arnaud Vin

EDITORAS RESPONSÁVEIS
Bia Nunes de Sousa
Samira Vilela

PREPARAÇÃO DE TEXTO
Samira Vilela

REVISÃO
Claudia Vilas Gomes

CAPA
Diogo Droschi
(sobre "Cenário", de Fani Bracher, 1987, óleo sobre tela)

DIAGRAMAÇÃO
Guilherme Fagundes

Dados Internacionais de Catalogação na Publicação (CIP)
Câmara Brasileira do Livro, SP, Brasil

Bracher, Larissa
Verdade inventada : corpo e neurociência na construção das emoções nos palcos e na vida / Larissa Bracher. -- 1. ed. -- São Paulo : Editora Vestígio, 2025.

ISBN 978-65-6002-119-8

1. Identidade 2. Neurociências 3. Teatro I. Título.

25-280315 CDD-792

Índices para catálogo sistemático:
1. Teatro : Artes da representação 792

Eliane de Freitas Leite - Bibliotecária - CRB 8/8415

A **VESTÍGIO** É UMA EDITORA DO **GRUPO AUTÊNTICA**

São Paulo
Av. Paulista, 2.073 . Conjunto Nacional
Horsa I . Salas 404-406 . Bela Vista
01311-940 São Paulo . SP
Tel.: (55 11) 3034 4468

Belo Horizonte
Rua Carlos Turner, 420
Silveira . 31140-520
Belo Horizonte . MG
Tel.: (55 31) 3465 4500

www.editoravestigio.com.br
SAC: atendimentoleitor@grupoautentica.com.br

ATO 2

*A todas as pessoas que, como eu,
precisam constantemente se lembrar
da própria potência.*

Não é então monstruoso que esse ator,
numa ficção, num sonho de paixão, seja capaz
de forçar sua alma a obedecer a um certo conceito,
e daí que a sua fisionomia se desvaneça, que
apareçam lágrimas nos seus olhos, que a voz
fique entrecortada e que seu corpo por inteiro se
acomode às formas desse conceito?

William Shakespeare, *Hamlet*

EVOCAÇÃO
A arte é a mestra da vida

Vera Holtz,
atriz e diretora de teatro

Este espetáculo tem que ser rubro! Escarlate, sim!

O bastão marca, com batidas no piso de madeira, o terceiro sinal, Molière. A cortina rasga a cena, Vianinha. Sobre o palco, está fincado o trono manchado de sangue do Kurosawa. O refletor ilumina o coração do inimigo vencido. Ele pode ser observado sobre o trono, escorrendo o líquido quente e espesso, portando a seiva da batalha. A terra *caliente* de Yupanqui arfa. A águia, que está ao pé do trono, toma o sangue do vencido, na consciência das palavras de Canetti. A coragem que adquire ao bebê-lo a impulsiona a voos maiores. Com suas garras, conduz o coração morto e o leva para ser transmutado na pista antropofágica. Paisagens sonoras bárbaras são multifacetadas.

– Hamlet!

– Macbeth! Welles!

Tempestades explodem no ar. O mar de fogo serena enquanto as massas se aquietam em fusão, e a vida ressurge.

O coração, então, se torna semente: é o drão da terra que bufa, ao som de Gilberto.

Os neurocientistas nos dizem que o coração, primeiro órgão a se formar, nasce no lugar onde se desenvolverá o cérebro. Eis que ele desce até o peito e começa a gerar energia, produz oxigênio, respira.

A atriz está com os olhos cravados nos olhos do amante, Platão. Eles se identificam. Ela quer se precipitar – e precisa de asas, Nietzsche. Sua plenitude se aproxima. Ela vai buscar, tal qual Prometeu, o fogo sagrado: a emoção que inaugura o humano. Nas próprias antecâmaras do sentimento, é proibido ser explícita, Fernando. Ela ri, tartamudeia, odeia e ama. É uma mulher sem memórias vestida de noiva, Nelson. Linda! Linda! Nesse instante, lembra de sua potência, do poder de sua presença, do *phoder*! É Zé! É Abujamra.

Ver o outro lhe causa lágrimas. Larissa invade a intimidade universal. O uno *versus* o alheio. Ao reconhecer a diversidade, propulsiona vidas que se tornam vorazes e não as deixa esquecer. Entende quem somos, quem fomos, quem seremos. Feita da matéria dos sonhos de Shakespeare. Somos aquilo que apreendemos e dispomos do outro para o outro, na construção dessa ponte. Se o outro não nos enxerga como personagem, não ultrapassamos o limite, não fazemos Arte. Ao olhar a ponte, ao longo do dia exaustivo de laboro, ela consegue ver tantas tonalidades. O espírito imaginativo deveria ser como uma tabuada: permanentemente ensaiado, *répétition*. Somos feitos das palavras alheias.

A Arte é mais bela quando inventa verdades.

Voa plena, Larissa, multiplica!

PRÓLOGO
Alma comovida

Tenho dúvidas sobre muitas coisas, mas uma das minhas certezas é de que gosto de observar gente.

Adoro ver como os corpos se produzem em diferentes ambientes, reagindo fisicamente a situações emocionais reais. Gosto de pensar a genealogia dos comportamentos físicos. De onde nasce a gargalhada? Qual o momento exato da surpresa? Como são o olhar de nostalgia, a fisicalidade do estado de choque, a expressão de quem se lembra de um trauma?

O corpo sendo atravessado pelas emoções é algo que me instiga há muito tempo.

Ainda criança, quando chorava por algum motivo, me colocava diante do espelho para observar o que acontecia no meu rosto. Analisava de que lado a lágrima caía, em quanto tempo meus olhos inchavam, de onde vinha o rubor das bochechas, qual veia saltava na minha testa, como meu nariz entupia, o que acontecia com meu queixo, em que posição ficava minha boca. Depois de tanto observar e racionalizar, era evidente que o que havia causado aquela comoção aos poucos se esvaía. Passei então a tentar reproduzir o que havia visto no espelho. Seria possível recuperar a emoção por meio de algum estímulo corporal provocado? Seria possível reincorporar uma emocionalidade?

Ainda carrego comigo essa cientista mirim que acredita que ver o outro é tão importante quanto ver a si mesmo. Essa curiosidade me guiou a algumas áreas de conhecimento, e, apesar de ter cursado algum tempo de Psicologia e quase ter terminado a faculdade de Filosofia, foi no Teatro que meu interesse por "gente" encontrou eco.

Assim como um *luthier* reconhece as madeiras certas para fazer um instrumento musical, ou um perfumista sabe quais notas aromáticas combinar para desenvolver determinada fragrância, um ator tem nas emoções humanas a matéria-prima de seu trabalho e, no próprio corpo, o palco delas.

Aprender a linguagem emocional implica a tarefa exaustiva, mas também reveladora, de conhecer-se e conectar-se, pois são as emoções que nos tiram do "eu" e nos lançam no "nós". Assim como o próprio teatro.

Ao longo da vida, colecionei muitos cadernos com anotações dessas observações e reflexões, e, neste livro, busquei espremer o sumo desses temas sobre os quais me debrucei: os vinte anos de ioga, os aprendizados na faculdade de Artes Cênicas, os estudos de filosofia e meditação, as formações em programação neurolinguística, neurociência aplicada e hipnose ericksoniana. Trouxe também a vivência como atriz e preparadora de elenco, além das imersões em cursos de linguagem corporal e facial. Há, ainda, uma rede silenciosa e notas do invisível que compõem meu olhar subjetivo para este trabalho. Já que nossa ótica sobre a vida é resultado das nossas experiências pessoais, ficará evidente meu interesse por história e artes em geral, resultado direto de ter vindo de uma família de artistas e de ter crescido em uma cidade que conhece o próprio tempo: Ouro Preto, Minas Gerais.

Em 2010, me formei também como *life coach* – ferramenta voltada para o desenvolvimento humano –, o que me permitiu adentrar a intimidade emocional de pessoas muito diversas, de várias áreas de interesse e com objetivos diferentes. Já atendi, na mesma semana, um diretor de telecomunicação, uma chef de cozinha, uma profissional do sexo, um político e, na semana seguinte, um jornalista, um apresentador de programa de esportes, uma figurinista, um cantor que eu ouvia na adolescência e uma *startupper* do Vale do Silício. Entendi, na prática, o significado de uma palavra que mudou minha percepção da vida: crença.

Desde então, me dedico à compreensão dessa voz interna poderosa, que pode auxiliar ou impedir a realização de nossos desejos.

Com o aumento da procura pelo meu trabalho, senti necessidade de torná-lo mais autoral. Refiz questionários, abandonei apostilas padronizadas e, com muito estudo, escuta e intuição, fui desenhando um processo de desenvolvimento humano mais híbrido e personalizado. Juntei máscara com hipnose, ássana com programação neurolinguística, filosofia com fisicalidade, emoção com neurociência, história com metaverso, palco com cotidiano. Tenho orgulho de lembrar que ajudei no "parto" de muitos projetos lindos com esse trabalho. Da minha salinha no bairro do Jardim Botânico, no Rio de Janeiro, ou online, vi nascerem empreendimentos humanitários, artísticos, sociais e pessoais bastante transformadores.

Com o passar do tempo, percebi que as técnicas que ajudavam pessoas de diversas áreas a dar saltos importantes em sua vida podiam ser úteis aos atores para encarnar personagens. Afinal, "personagem é gente", e deveria ser possível aplicar a mesma metodologia de autoconhecimento e desenvolvimento para ambos.

Após muitos trabalhos de preparação de elenco, em 2021 fui convidada pela Amazon Prime para compor a primeira classe de coordenadores de intimidade no Brasil, internacionalmente certificada pela Intimacy Professional Associations (IPA), afiliada ao Screen Actors Guild-American Federation of Television and Radio Artists (SAG-AFTRA). Essa nova função no universo audiovisual, fruto da demanda de novas mentalidades no trabalho e no mundo, é responsável por proporcionar ambientes seguros e criativos em cenas de nudez, interações íntimas e sexo simulado, assegurando a integridade física e emocional dos atores e das equipes nos sets de filmagem.[1]

---

[1] A demanda por essa função cresceu na indústria de entretenimento dos Estados Unidos após o movimento #MeToo ter escancarado a natureza rotineira do assédio sexual e a má conduta de profissionais da área nos sets de filmagem. Algumas atrizes e atores começaram, então, a exigir

Todas essas mudanças e conquistas me fizeram funcionar no sistema "e". Sou atriz **e** preparadora de atores **e** coordenadora de intimidade. Sou isso *e* aquilo, não isso *ou* aquilo. A soma singulariza. Acredito na hibridização como tendência e acho que quanto mais interesses uma pessoa tem, mais interessante ela é. A vida é múltipla, vasta e curta, e busco acolher a variedade de possibilidades para onde aponta minha bússola interna. Escrevo este livro, portanto, como artista e protagonista do ecossistema que sou, sem pretensões de me colocar como especialista em nada, mas sim como a curiosa-buscadora que sempre fui.

Este livro, portanto, não é um tratado científico nem um manual. É um ensaio.

Escrevo como pessoa que ouve, observa e sente o tempo todo.

Nasci assim, de alma comovida.

Neste livro, associo teatro e neurociência para a expansão pessoal. A cada capítulo, atravesso épocas históricas diversas, conectando ideias e práticas.

De tão infinitas e impermanentes que são, preferi colocar as categorias emocionais no plural: os medos, as raivas, as tristezas, as alegrias, os afetos/ternuras e os nojos. Também descrevi as características da fisicalidade de cada uma delas para que seja possível provocá-las de fora para dentro.

As descobertas recentes da neurociência mostram que o cérebro é mais "barro" que "pedra", portanto moldável, adaptável e capaz de se reorganizar ao longo da vida. Esse novo paradigma, que desmonta a ideia de um eu fixo e determinado, transforma a todos em possíveis neuroartesãos da própria identidade.

Convido você a pisar comigo no palco do **BIOTEATRO**, um laboratório artístico de desenvolvimento humano onde podemos ensaiar novas emoções e inventar outras verdades.

---

salvaguardas para seu bem-estar no ambiente de trabalho. A coordenação de intimidade faz a interface entre equipes para que haja informação e consentimento entre todos os envolvidos em cenas de nudez e sexo simulado.

"Tudo se finge primeiro;
germina autêntico é depois."

Guimarães Rosa

TERCEIRO SINAL

E o fogo criou o humano

Tudo era breu, silêncio e instinto.

Uma vasta camada de escuridão cobria os solos infindos da Terra. Sons paleolíticos assombravam os primeiros hominínios,[2] amontoados nos recantos obscuros das cavernas, em noites que pareciam não ter fim. As trevas dominavam o tempo e o espaço, e, nesse cenário de precárias esperanças, homens e mulheres seguiam, sem perspectiva alguma de sobrevivência, sobre a inclemente esfera pré-histórica. Viver era uma gincana de vida ou morte.

Nossa relação com o fogo começou há quase 2 milhões de anos, quando um espécime *Homo erectus* ousou capturar a chama provocada por algum raio e mudou, para sempre, não só os contornos do planeta, mas do próprio cérebro. O domínio do fogo permitiu uma revolução fisiológica gigantesca que nos conferiu muitas vantagens sobre outros animais: a fogueira espantava predadores, evitava hipotermia nos invernos rigorosos, impedia a transmissão

[2] Refere-se a todos os membros da linhagem evolutiva que inclui o ser humano moderno (*Homo sapiens*) e seus ancestrais mais próximos (*Australopithecus*, *Homo habilis*, *Homo erectus*, entre outros). O termo exclui outros grandes primatas, como gorilas, orangotangos e chimpanzés, que também pertencem à família dos hominídeos. Em resumo, os hominínios são os primatas bípedes mais diretamente ligados à evolução humana.

de microrganismos letais através do cozimento das carnes, antes ingeridas cruas, e permitia uma variedade maior de leguminosas no cardápio, como tubérculos e cascas. Somando-se a isso, a possibilidade de estocar a carne de animais de pequeno porte tornou desnecessário colher ou caçar a cada refeição. Esse pequeno armazenamento alimentar gerou um excedente calórico que se traduziu no **DESENVOLVIMENTO DO CÉREBRO**, fazendo com que o ser humano tivesse grandes progressos.[3]

Além do desenvolvimento cerebral, o **BIPEDISMO** foi um grande marco da evolução humana. Muitos primatas conseguiam se levantar sobre as patas traseiras e andar por períodos curtos de tempo, mas apenas hominínios usavam essa postura como modo primário e contínuo de locomoção. A posição de pé do *Homo erectus*, como o próprio nome sugere, nos fez únicos, propiciando uma visão panorâmica das planícies e mãos livres para manufatura e manipulação de objetos, além de um corpo com menos pelos para suportar a dinâmica de diferentes temperaturas e reduzir a infestação de parasitas como piolhos e carrapatos.[4] As calorias extras também reforçaram o desenvolvimento do nosso **POLEGAR OPOSITOR**, que nos possibilitou diversificar os instrumentos de caça. Foi assim, por meio dessa vanguarda tecnológica que incluía armas pontiagudas, utensílios, vestimentas de formatos diversos e estocagem de alimentos, que o ser humano começou a se sentir o "Arnold Schwarzenegger" da pirâmide alimentar. Surgiram as primeiras emboscadas coletivas a animais de grande porte. Nosso sistema de sobrevivência chamado "medo" foi abrindo espaço para o sistema

---

[3] AZEVEDO, Karina F.; HERCULANO-HOUZEL, Suzana. Metabolic constraint imposes tradeoff between body size and number of brain neurons in human evolution. *PNAS*, Cambridge, set. 2012.

[4] FANZERES, Andreia. *Ciência Hoje On-Line*, Fiocruz, jun. 2003.

"coragem", e agora, de pé, armados e em grupo, em vez de darmos um passo para trás diante de um tigre-dentes-de-sabre, vamos em direção a ele para dominá-lo.

De caça, passamos a caçadores.

O domínio do fogo foi, portanto, um grande salto para a evolução da espécie humana e da tecnologia, e seu poder agregador se revelou um potente estimulador do encontro social, do sentimento de pertencimento e da noção de unidade comum, a **COMUNIDADE**. A primeira luz dominada, a chama que rompeu os limites para uma nova epopeia vindoura, a tocha que transformou a noite em dia simbolizou o fim de uma era. Com a luta pela sobrevivência já menos urgente, os seres humanos tiveram mais oportunidades para buscar compreender o entorno e se comunicar com ele. Era em volta do fogo que os hominínios se reuniam em grupos para, além de se aquecer, celebrar a caçada, lutar por liderança, dividir alimentos e partilhar seus terrores primais.[5]

Ainda sem comunicação verbal sistematizada, os membros dessas comunidades ancestrais criavam formas de se comunicar. Seus gestos físicos e sons vocalizados representavam raios, trovões, animais selvagens e outros elementos da natureza que constituíam sua existência cotidiana.

Foi através dessa mimetização das forças naturais que os humanos começaram, de alguma forma, a irmanar-se com elas.

Nascia, assim, fruto do impulso de viver, um sistema comunicativo pré-linguístico, ainda sem gramática ou vocabulário: a **PROTOLINGUAGEM**.

---

[5] Denominação do historiador Stuart Walton para o medo, apresentado como a emoção mais antiga da espécie humana. Este temor, inicialmente da morte, deu origem a vários outros, como o medo da noite, dos raios, das doenças, dos animais de grande porte, dos mistérios da natureza, do desconhecido.

Corpo-linguagem

Primeiro, houve um clarão. Depois, um som ensurdecedor seguido de águas furiosas. Para nós, hoje, é fácil associar o trovão ao temporal, mas os primeiros hominínios só aprenderam a fazê-lo depois de enfrentar os rastros de morte que as tempestades deixavam. Com o tempo e a repetição dessas experiências, o cérebro passou a prever o perigo, e as redes neurais responsáveis por monitorar relevância e ameaça – como a **AMÍGDALA CENTRAL** – passaram a se ativar mais rapidamente. Essa mudança não se deu pelo fato de o cérebro ter uma "herança fixa", mas porque ele aprendeu a antecipar o que viria a seguir.

O trovão deixou, assim, de ser apenas um som para se tornar **PRENÚNCIO**.

O estrondo assustador do céu devia engatilhar uma correria enorme em busca de abrigo. A comunicação gestual precisou ganhar eficiência para reduzir o número de perdas humanas a cada chuva. O que chamamos de "medo" não nasceu elaborado; antes de saber o que era morrer, os primeiros clãs ancestrais aprenderam a evitar aquilo que os fazia paralisar. Não era consciência da morte, mas sensibilidade à dor, à falta, à ruptura do equilíbrio daquele grupo. O cérebro começou a registrar padrões: um som, uma sombra, um cheiro, qualquer pista que indicasse que algo doloroso estava por vir. Aos poucos, aprendemos a fugir de algumas fontes de perigo. O impulso era proteger a espécie, e o aprendizado vinha, principalmente, dos mortos que ficavam pelo caminho.

A **PERDA** virou aviso.
A **MEMÓRIA** virou sistema.

O principal conceito de emoções que utilizarei neste livro se alinha à Teoria da Construção das Emoções, de Lisa Feldman Barrett.[6] Para ela, as emoções são gestos de adaptação que buscam manter o organismo em equilíbrio diante do imprevisível. São antecipações do que pode ocorrer – não localizáveis no cérebro e sem uma expressão universal –, e variam entre contextos, épocas e indivíduos.

Essa visão transforma radicalmente nossa relação com as emoções: se elas são mutáveis e flexíveis, significa que podem ser reaprendidas. Se são moldadas, podem ser remodeladas de forma consciente. Isso dá a nós, atores e não atores, uma ferramenta de libertação de nossa experiência subjetiva.

As emoções não são prisões biológicas, mas construções que, com treino, atenção e prática corporal, somos capazes de direcionar.

Este livro abandona, assim, a ideia de emoções primárias inatas,[7] propondo um mergulho construtivista e arquitetável: o teatro como campo de experiência emocional que amplia a plasticidade do sentir.

---

6 Psicóloga e neurocientista canadense-americana, professora na Universidade de Northeastern, em Boston, e especialista no estudo da chamada ciência afetiva. Barrett propõe que as emoções não são reações automáticas e biológicas, mas construções elaboradas pelo cérebro a partir da leitura de sinais corporais, da associação de experiências passadas, da linguagem e da cultura de cada um.

7 Embora essa teoria seja a base deste livro, vale destacar que há outras abordagens relevantes no campo da neurociência emocional. A ideia de que emoções são universais, por exemplo, é defendida por estudiosos de renome como Paul Ekman (reconhecido por sua pesquisa de expressões faciais básicas) e Jaak Panksepp (responsável por mapear sistemas emocionais em mamíferos). A escolha de uma abordagem construtivista visa, aqui, ampliar o campo de atuação como ferramenta de transformação, mas sem deslegitimar outras vias.

Se cada emoção é um roteiro neural, podemos editá-lo, transformando atuação e vida real em uma pedagogia emocional.

Essa revolução neuroplástica – paradigma recente da neurociência – preconiza que, ao contrário do que se acreditou por séculos, não nascemos com emoções prontas, universais ou inatas. O que herdamos é a capacidade de construir significados, e é essa capacidade que faz de cada emoção uma criação.

Esse estado constante de cocriação da realidade faz de nós artistas.

Em resumo, emoções são marcadores físicos de atribuição de sentido, construções vivas, efêmeras, moldadas pelo encontro entre corpo, linguagem, memória, ambiente e o meio de comunicação por meio do qual conseguimos sobreviver como espécie.

Emoção é **RELAÇÃO.**

A emoção inaugura o "nós"

A parceria inédita entre nossos **SENSORES** físicos (os sentidos) e nossos **CENSORES** internos (sistemas involuntários de atribuição de significado) foi um verdadeiro *hit* da perpetuação da espécie.

Depois de inúmeras experiências vividas na carne – fosse ingerindo alimentos impróprios, sendo devorados por feras ou caindo de alturas fatais –, o sistema nervoso aprendeu a prever, evitar e proteger. Passamos a atribuir sentido àquilo que se repetia com consequências dolorosas e começamos a registrar os padrões para evitar dor e sofrimento: o cheiro de algo podre se tornou sinal de alerta, penhascos passaram a ser ameaçadores, o cheiro de chuva virou um anunciador de perdas humanas.

Assim, a partir de colossais avanços neurorresponsivos ao longo de milhares de anos, desenvolvemos um repertório emocional e passamos a projetar nossos traços e significados humanos na natureza.

Poderia o trovão ser uma expressão de raiva do céu? Será que, lá do alto, por trás de grossas nuvens cinza, haveria um regente raivoso enviando descargas elétricas barulhentas e letais?

Nasciam, assim, fruto da tentativa de compreender os mistérios da natureza, os **DEUSES**.

Identidade e transcendência

Quando o mistério
é impressionante demais,
não ousamos desobedecer.
Antoine de Saint-Exupéry

A natureza, essa vastidão por vezes cruel, de solo interminável, escura demais à noite, fria demais no inverno, repleta do desconhecido, geratriz de perigos, fonte de paisagens sublimes e ameaças à sobrevivência, é gerenciada por algo ou alguém? Se ainda hoje somos tão pequenos e dispensáveis diante de sua magnitude, no início de nossa existência na Terra compreender e integrar seus ciclos era urgente.

À medida que experimentamos e repetimos padrões organizacionais, emocionais e sociais, passamos a projetar na natureza uma réplica dos nossos modelos. Se havia entre nós quem orientasse a caça, lesse sinais do clima ou conhecesse profundamente as plantas, então devia haver, também, uma liderança maior por trás daquele céu, daquelas águas, daquelas terras. Da mesma forma que uma tempestade podia ser interpretada como uma reação raivosa de um regente ordenador das águas, uma boa colheita podia significar que o regente ordenador da terra estava satisfeito com aquela comunidade.[8]

Ao antropomorfizar o mistério da natureza, supusemos a existência de seus ordenadores, e, para mantermos certa diplomacia com eles, concebemos rituais. Era o início dos pactos simbólicos entre nós e o imponderável: sacrifícios animais para agradecer a colheita, uma dança em volta da fogueira para pedir desculpas por uma atitude impensada, uma louvação coletiva para solicitar calma nas tempestades, sucesso na caça ou vitória sobre a morte.

A tentativa de abrandar as forças invisíveis das intempéries inaugurou no *Homo sapiens* os primeiros rituais performáticos de teatralização da natureza, que incluíam dança, canto, incorporação e mímese.

Esses ritos eram uma clara demonstração da tentativa do diálogo entre seres humanos e seus primeiros deuses num momento em que, habituados às vicissitudes diversas, sempre atentos aos perigos da existência selvagem, nossos antepassados acalentavam o espírito e se permitiam experimentar emoções que os elevassem da condição animal, construindo, nesse destacamento, maneiras de transformar medo em reverência, mortes em narrativa, instinto em perspicácia, vida em performance, senso de identidade em transcendência.

Nascia, assim, instrumento de conexão com os deuses, o **TEATRO**.

---

[8] Nas tradições de certos povos originários, o calendário era organizado a partir da observação da natureza, com solstícios e intempéries marcando eventos mitológicos importantes para a construção daquela organização social.

Da natureza, veio o humano
(nascimento)

↓

Do domínio do fogo,
as primeiras comunidades
(senso da espécie)

↓

Da necessidade de sobrevivência da espécie,
as emoções
(comunicação entre indivíduos)

↓

Da necessidade de pactuar com a natureza,
os rituais e sagrações
(comunicação com os deuses)

↓

Da comunicação com os deuses,
o Teatro
(mímese e representação de mundo)

ATO 1

GÊNESE

(humana, das emoções e do teatro)

A EXPERIÊNCIA MODELA O DESENVOLVIMENTO

O corpo é um processo no tempo.
Stanley Keleman

Imaginemos que a câmera de um documentário consiga viajar no tempo para acompanhar o dia de um hominínio na pré-história. Em determinada manhã, ele comeu frutas, pescou um peixe e bebeu água do rio. Depois de caminhar alguns quilômetros com seu grupo de caçadores-coletores, assustou-se ao ouvir o rugido de tigre nas proximidades. No calor da emoção, ele correu em busca da primeira caverna para se esconder. Após um tempo abrigado, percebendo que os sons assustadores haviam silenciado, esse mesmo homem saiu da caverna com uma estranha sensação de que ainda corria perigo. Ele tem uma representação mental de si mesmo e tem consciência do risco que correu. Nesse momento, é possível notar que não apenas a emoção do medo havia dominado seus sistemas respiratório, cardíaco e nervoso; havia, também, uma marca distinta, uma experiência emocional que perdurava no tempo, uma marca que se incorporou: o **SENTIMENTO**.

Primeiro, foi acionado seu sistema primitivo de "luta ou fuga" – uma resposta instintiva altamente sofisticada que reage a estímulos externos. Esse sistema o ajuda a "decidir" entre enfrentar ou correr da fonte de perigo baseando-se em seus sensores (audição dos rugidos) e seus censores (há possibilidade de dor ou morte).

Ao mesmo tempo, foi ativado no seu **SISTEMA LÍMBICO** – região central no processamento emocional – a regulação do comportamento por sua memória e suas escolhas. Esse sistema auxilia na manutenção da vida – a chamada homeostase – e na capacidade de registrar riscos de experiências anteriores.

Mas era preciso mais do que isso para sobreviver na pré-história; era necessário antever o perigo. Seria possível que, da próxima vez que esse homem voltasse àquelas redondezas, ele se preparasse para um possível ataque do animal antes mesmo de ouvir seu rugido, baseado em uma única experiência?

Nosso cérebro busca a todo custo se organizar para evitar a dor. O sistema encefálico, em especial o **CÓRTEX PRÉ-FRONTAL**, formula situações contínuas sobre o que está por vir. Ele opera com predições (ato de antever) geradas a partir de experiências passadas, atribuindo significados que nos ajudam a agir de maneira eficiente em ambientes incertos. O que é considerado razoável ou ameaçador depende menos de uma verdade objetiva e mais de um histórico afetivo, corporal e contextual.

O córtex pré-frontal nos permite simular cenários, planejar ações, criar estratégias e adaptar nossas respostas ao ambiente. Ele participa ativamente da construção de modelos internos que regulam desde a linguagem até o julgamento moral. Mais do que nos distinguir de outros animais, essa habilidade de antecipar o futuro e reorganizar o presente com base em modelos mentais é o que nos permite aprender com base no que ainda não aconteceu e, indo além, **IMAGINAR** o impossível.

Esse esquema simplificado nos ajuda a pensar que, sem o instinto, não nos afastaríamos do perigo. Sem o sistema límbico, não aprenderíamos com as experiências nem teríamos memória. Sem o córtex pré-frontal, não seríamos capazes de elaborar estratégias, sequenciar pensamentos ou ter autoconsciência.

GATILHO EXTERNO (tigre) → **SENTIDOS** (sensores) → **REAÇÃO EMOCIONAL** (censores) → **SENTIMENTO** (percepção das mudanças corporais) → **ANÁLISE** (elaboração)

Nosso ancestral hominínio, além de sentir medo do rugido, registrou também uma imagem mental de si mesmo ao se esconder na caverna. Ele sobreviveu ao ataque do tigre e transmitiu às gerações seguintes – por meio de desenhos rupestres, alertas à comunidade ou sinalizações de advertência – o perigo que aquele lugar e o animal representavam. Foi garantida, assim, a segurança de seus descendentes, que não precisariam passar pela mesma experiência empírica para aprender com ela.

A linhagem humana seguia.

Representação e simbologia

Agora, daremos um salto imenso, de centenas de milhares de anos, com nossa câmera em *time-lapse*.

Passaremos por desenvolvimentos neurofisiológicos gigantescos, expansões encefálicas determinantes e um aumento considerável de nossas habilidades físicas. Captaremos a trajetória humana em velocidade tão alta que quase não veremos a domesticação dos cavalos, o desenvolvimento da linguagem oral, a descoberta da roda e a evolução dos meios de transporte. Vislumbraremos as sociedades ágrafas e o posterior surgimento da escrita, as primeiras organizações civilizatórias, as guerras que moldaram e modificaram o sentido de povo e nação. Avançaremos pela Idade do Cobre, do Bronze e do Ferro, até chegarmos ao período em que a música, a dança, a arquitetura, a literatura e as artes plásticas já haviam se desenvolvido ao redor do mundo, quando a relação do homem com as forças da natureza, os chamados "deuses", já estava atavicamente estabelecida.

Reduzimos a velocidade do nosso filme em pleno século V a.C., no momento em que um barco navega pelo Mediterrâneo. Num dia ensolarado, atravessando o Mar Egeu, avistamos ilhas com estátuas de diversos tamanhos. Chegamos à Grécia.

Pelo caráter geograficamente favorável de seu território ao convívio de outros povos, bem como sua tradição de adotar os deuses de suas vítimas de guerra, os gregos acumulavam tantos ícones de outras culturas que nem o enorme Panteão erigido para guardar suas imagens era suficiente – havia praticamente uma deidade para cada item do cotidiano.

A cultura helenística era entusiasta das artes e considerava a beleza a maior das conquistas humanas. Apreciadora da reflexão, da dialética, da busca pela razão e da abstração do pensamento, foi a geradora do fenômeno que nos deu, numa só tacada, Sócrates, Platão e Aristóteles. O constante exercício da reflexão, associado ao incentivo do debate, fez da Grécia a potência geradora das células motrizes da filosofia ocidental enquanto teorização do próprio pensamento.[9]

Mas o que tudo isso tem a ver com o córtex pré-frontal? Bem, todas essas mudanças levaram o cérebro a trabalhar na construção de milhões de sinapses para permitir a elaboração da filosofia e da dramaturgia como **ABSTRAÇÕES** sofisticadas do pensamento e do próprio ato de viver. A capacidade de abstrair exigiu milhares de anos de evolução humana.

O humano era a medida de quase todas as coisas. O **ANTROPOCENTRISMO** refletia sobre o corpo, o espírito, o pensamento, o eu, e sobre a relação entre esses elementos. O resultado foi uma forte tradição voltada para o culto da razão, na qual a sapiência consistia em controlar a visceralidade a fim de atingir o "bem ideal".[10]

---

[9] Vale reiterar aqui o uso do termo "ocidental" como sinalizador do olhar eurocêntrico ao qual populações colonizadas são submetidas, já que muito da cultura helenística, incluindo a filosofia, as artes e as ciências, são legados dos povos do norte da África. Foi dado a Pitágoras, por exemplo, o crédito do teorema que os egípcios certamente já haviam usado na construção de suas pirâmides. Saiba mais em: http://bit.ly/40k5Kd7

[10] O conceito de "bem ideal" refere-se a um estado ou condição considerado o mais virtuoso ou perfeito em determinada cultura, sociedade ou sistema de valores. Esse conceito pode variar ao longo do tempo e entre diferentes contextos culturais e filosóficos. No contexto da filosofia

Apesar da relação ainda próxima com o divino, o pensamento grego aos poucos colocou o indivíduo (racional, ético, cidadão) no centro do debate público. Essa reorganização simbólica levou a uma forma específica de cena: a dramaturgia escrita, com personagens e conflitos humanos mediados por linguagem e estrutura dramatúrgica. Essa transição não foi o nascimento do teatro, mas de um certo modelo de representação: o teatro dramático ocidental. A transição entre a performance ritual (em que o corpo é mediador do invisível) e a cena dramática (em que o corpo encena conflitos entre humanos) não muda a existência da performance, e sim a forma como foi legitimada e nomeada pela história. Ao que tudo indica, houve um marco temporal.

Foi provavelmente em Ática, num desses cortejos etílicos ao som mântrico de lamúrias, risos e esbórnia, que um homem embriagado gritou aos quatro ventos: "Eu sou Dionísio!".

Fé cênica

Deve ter havido um silêncio breve, seguido de um burburinho de surpresa, entre os integrantes do cortejo. Quem ousava dizer que representava uma entidade tão poderosa como Dionísio? Este corajoso se chamava Téspis, considerado o primeiro ator do mundo ocidental, aquele que ousou se passar por uma divindade.[11] Mas o que poderia ter iniciado uma briga horrível acabou inaugurando um novo momento para a arte: o cortejo "fingiu" celebrar Téspis como Dionísio sem necessariamente acreditar que ele "era" Dionísio.

Téspis quebrou a quarta parede do teatro espiritual, e, de um só grito dionisíaco, nasceram **ATOR**, **JOGO TEATRAL** e **PLATEIA**.

ética e moral, o bem ideal geralmente se refere ao objetivo supremo que os indivíduos devem buscar em suas vidas.

11 Entre os povos ancestrais, esse tipo de incorporação e representação já acontecia havia muito tempo. Como diria Ariano Suassuna, "só o teatro grego nasceu na Grécia".

Mas por que alguém ousou falar com os deuses de maneira tão diferente? Dessa vez, não foi uma tentativa de entrar em acordo com a natureza. Também não foi a fala de um sacerdote, que interpretava a comunicação cifrada dos deuses, ou de uma profetisa, que dizia compreender no próprio corpo a língua dos ordenadores/deuses. Do que se tratava, então?

Téspis não conversava com os deuses nem invocava forças sobrenaturais, nem mesmo pretendia incorporar uma divindade fora dali ou transmitir mensagens ocultas. Ele havia se nomeado o deus da uva momentaneamente, e consciente disso, usando o que hoje chamamos de "fé cênica" – o acordo lúdico entre quem representa (atores) e quem assiste (plateia) –, se "torna" Dionísio. Pode-se afirmar que, a partir desse evento, o teatro perde pela primeira vez seu caráter exclusivamente ritualístico e assume uma função social de comunicação em massa, permitindo a criação de textos em que a emocionalidade pode ser encenada e decodificada.

O teatro nasce das emoções e as reproduz sistematicamente. Não à toa, as máscaras de tragédia e comédia, ou de tristeza e alegria, tornaram-se seu símbolo.

Catarse coletiva e neurônios-espelho

O teatro grego foi uma poderosa ferramenta educacional à medida que alinhava o pensamento dos indivíduos aos valores desejáveis pela pólis. O palco era, sobretudo, métrica de instrução moral e política de como os cidadãos deviam se portar.

A catarse, termo filosófico de origem grega que significa "limpeza" ou "purificação pessoal", se refere ao estado de libertação psíquica vivenciado pelo espectador ao assistir às tragédias. Ao vivenciar experiências extremas por meio de personagens, a plateia podia processar emoções intensas, resolver conflitos internos ou superar traumas sem ter, necessariamente, vivenciado tais situações no próprio corpo. O teatro educava por meio de pontes simbólicas entre causa e efeito, sendo um balizador do comportamento humano, um instrumento que fazia a plateia obedecer ao destino, respeitar a linguagem dos sinais sociais e aderir à integridade moral estabelecida pela pólis. Era como se esse imenso público assistisse ao documentário sobre o hominínio sendo ameaçado pelo tigre e tirasse, em uníssono, uma lição disso.

No plano biológico, isso pode ser explicado pela existência dos neurônios-espelho, responsáveis por moldar nosso comportamento a partir da observação do comportamento do outro. Na década de 1990, Giacomo Rizzolatti, neurofisiologista italiano pioneiro no estudo desses neurônios "imitadores", e sua equipe na Universidade de Parma descobriram que algumas células cerebrais se ativam tanto quando realizamos uma ação como quando apenas observamos outra pessoa em ação. É como se o cérebro pensasse "Como eu me sentiria se estivesse vivendo isso?", e então simulasse essa sensação.

Em humanos, esse sistema está diretamente conectado à capacidade de sentir empatia, o que explica por que a atuação (seja em teatro, cinema ou TV) é tão poderosa: ao observar um ator, o espectador ativa internamente uma simulação da ação, das emoções e até da intenção, transformando o corpo do outro em seu próprio corpo simbólico.

Richard Schechner, diretor e teórico do teatro, chama essa capacidade de reviver padrões emocionais armazenados de *restored behavior* (comportamento revivenciado). Vittorio Gallese, um dos maiores neurocientistas contemporâneos do comportamento humano, chama a conexão invisível entre ator e espectador de "manancial compartilhado".

Para o ator, essa descoberta científica revela um segredo antigo do ofício: não é a intensidade emocional que provoca a comoção, mas a precisão do gesto e a verdade da intenção por trás deste. Um simples olhar ou um suspiro, quando encenado com presença, pode desencadear no público uma reação física real. A encenação se firma também como materialização multidimensional do manuseio das emoções.

ENCENAÇÃO é, afinal, uma forma sofisticada de **RESSONÂNCIA SOCIAL**.

Efeito cebola

Agora, avancemos a câmera novamente em *time-lapse*, saindo do antigo anfiteatro de Delfos e seguindo para os tempos atuais, mais precisamente para a cozinha da minha casa, onde há poucos minutos eu estava descascando cebolas para fazer uma sopa.

Há quem chore com esse simples ato cotidiano, e sou uma dessas pessoas. Choro primeiro pelo componente químico, liberado pelo bulbo da cebola ao entrar em contato com o oxigênio. A substância irrita os olhos e, quando me dou conta, já estou aos prantos pelas minhas frustrações profissionais, pela crise climática, por achar que aproveitei pouco a vida de solteira, pelo excesso de pele nas pálpebras. O simples ato de chorar me gera pensamentos e reminiscências particulares de tristeza, provando como uma mudança repentina no corpo pode transformar a mente. Entramos, assim, em um dos *insights* deste livro: a transformação de fora para dentro.

Da mesma forma que a cebola mostra como nosso circuito emocional ancestral, quando ativado, pode se desdobrar em sentimentos, o ator, por meio de técnicas e gatilhos, é capaz de provocar associações não causais entre fatores externos e sentimentos.

Todos nós engatilhamos emoções internamente, seja a partir de memórias, sensações, projeções mentais ou movimentos físicos. As emoções mudam completamente nossos padrões respiratórios, vocais e até mesmo viscerais, alterando o funcionamento dos órgãos internos.

Vamos a um exemplo. Se você está relaxado lendo este livro e, de repente, ouve alguém gritar "Fogo!", você automaticamente ficará nervoso e sentirá seu coração disparar. O motivo? O sinal de ameaça ativou uma parte do cérebro, o hipotálamo, erguendo uma bandeira vermelha para as glândulas suprarrenais e ativando dois hormônios: a adrenalina e o cortisol.[12]

Se a câmera do nosso documentário pudesse adentrar seu corpo nesse momento, captaria a seguinte cena: em taquicardia, o coração dispararia sangue aos tecidos para que o corpo fosse capaz de lutar ou correr. Em seguida, começaria a taquipneia, processo em que a respiração acelera para injetar mais oxigênio no sangue e fazer com que os músculos e as células reajam à ameaça. A glicose seria mobilizada pelos sistemas digestivo e endócrino, as gorduras começariam a agir e o córtex pré-frontal, já em alerta extremo, não seria mais capaz de refletir e buscar soluções para os problemas. O hipocampo, sensibilizado pelo cortisol, também não conseguiria armazenar as memórias daquele momento de estresse, deixando lacunas na forma de o indivíduo se expressar. Devido a esse pico de cortisol, o corpo demoraria horas para retornar ao seu estado original.

Assim como nosso ancestral das cavernas, temos as mesmas respostas neurológicas, os mesmos lapsos de memória, os mesmos picos de cortisol em situações traumáticas e difíceis. O interessante disso tudo é que o ator, nosso artesão das emoções, está aí para nos provar algo: o pânico do fogo e a "tristeza" provocada pela cebola podem ser reproduzidos igualmente a ponto de impressionar quem assiste – a plateia – e transformar a mentalidade de quem provoca – o ator.

O ofício do ator também é observar a substância física de determinada emoção a ponto de conseguir reproduzi-la. Se ele mimetiza gestos e posturas emocionais com excelência, é

---

[12] O cortisol é um hormônio esteroide que regula diversas funções do corpo, desde o metabolismo e o sono até as funções imunológicas e anti-inflamatórias. Também ajuda o organismo a responder a ameaças, razão pela qual é chamado de "hormônio do estresse".

capaz de incorporar novos sentimentos e fazer a plateia prender o fôlego diante de uma cena tensa, ou relaxar com um diálogo bem-humorado.

E aqui entra uma pergunta de enorme importância: a imaginação é capaz de alterar o corpo? Sim, pois mente e corpo não distinguem totalmente uma ameaça real de uma ameaça imaginária. Aqui reside, também, a potência do **TEATRO COMO FERRAMENTA DE RECONFIGURAÇÃO EMOCIONAL.**

Ele ensina que é possível ensaiar emoções e, ao ensaiálas, mostra que talvez possamos remodelá-las.

Imaginação e treino mental

A capacidade de formar e manipular imagens mentais sempre foi reconhecida como um elemento central da criatividade humana. No entanto, foi apenas a partir dos anos 2000, com o avanço das tecnologias de neuroimagem, que começamos a compreender melhor os processos cerebrais envolvidos nessa habilidade.

Ferramentas como a ressonância magnética funcional (RMF) e a estimulação magnética transcraniana (EMT) demonstraram que imaginar uma ação pode ativar, de forma parcial, regiões cerebrais semelhantes às acionadas quando essa ação é realmente executada. Embora a intensidade e a abrangência da ativação sejam diferentes, essa sobreposição sugere que a visualização mental, quando praticada sistematicamente e com propósito, pode complementar o treinamento real e contribuir para o aprimoramento de habilidades. Ou seja, o simples ato de imaginar não substitui a prática, mas evidencia que a visualização mental, quando integrada a um treinamento estruturado, pode ser uma estratégia poderosa.

Segundo o Dr. Milton Moura, cardiologista, eletrofisiologista e especialista em desenvolvimento humano, ao observarmos um objeto, ativamos uma sequência específica de neurônios. Curiosamente, ao apenas imaginá-lo, ativamos um padrão semelhante. Para certas regiões cerebrais, isso pode gerar uma representação tão vívida que o cérebro responde como se o objeto estivesse presente, embora, conscientemente, sejamos capazes de distinguir entre o real e o imaginado.

Por meio da RMF, podemos acompanhar a atividade cerebral em tempo real, identificando quais áreas são ativadas por diferentes tipos de pensamentos e emoções. Essa capacidade tem ampliado significativamente nosso entendimento sobre como pensamentos abstratos ou imagens mentais influenciam estados emocionais e corporais.

Esses achados possibilitaram avanços importantes no uso de práticas como a meditação e a visualização guiada para promover bem-estar, reduzir o estresse e melhorar o desempenho. Ao silenciar estímulos externos e concentrar-se em imagens internas, o cérebro pode gerar respostas fisiológicas associadas a foco, calma e segurança. Esse processo não apaga a distinção entre realidade e imaginação, mas permite treinar o cérebro para responder de forma diferente a determinados contextos.

Durante a visualização mental, certas reações fisiológicas – como aumento da frequência cardíaca ou ativação do sistema límbico – podem ocorrer de maneira similar (embora geralmente mais branda) às de uma situação vivida. Por isso, atletas, artistas e profissionais de diversas áreas usam técnicas de visualização para ensaiar movimentos, discursos ou desempenhos complexos. Pelé, por exemplo, relatou que se imaginava fazendo gols antes das partidas. Tiger Woods, por sua vez, visualizava cada tacada antes de executá-la. Essas práticas, hoje respaldadas por estudos em psicologia do desempenho, são conhecidas como visualização motora ou ensaio mental.

Mas aqui mora um paradoxo tão delicado quanto fascinante: a mesma habilidade que nos permite criar possibilidades, imaginar futuros, ensaiar vitórias e projetar cenas extraordinárias também pode se voltar contra nós. Isso acontece quando, quase sem perceber, ativamos o trágico "e se?" da mente contemporânea. O cérebro, ao ser acionado com possibilidades imaginárias, pode responder da mesma forma que faria em situações reais, acionando imagens, desenvolvendo planos, disparando hormônios, mobilizando músculos, liberando químicas, num futuro de negatividade e caos. Nesse cenário, para uma pessoa com transtorno de ansiedade, a imaginação, que poderia ser trampolim, vira cárcere.

> A menor ponte entre a **LIBERDADE** e o **APRISIONAMENTO** é a imaginação.

Imagem que afeta

A memória autobiográfica, sistema pelo qual nos lembramos conscientemente de uma experiência vivida ou testemunhada, armazena os principais acontecimentos da vida. Nesse *self* autobiográfico ficam registradas as nossas experiências: é dele que emergem as imagens que geram as emoções, e é dele, também, que os atores retiram as imagens necessárias para reproduzir emoções no palco.

A teoria da "memória afetiva" de Stanislavski antecipou, por meio da prática artística, aquilo que seria aprofundado pela neurociência e pela psicanálise. O termo russo *perezhivanie* refere-se a uma **VIVÊNCIA EMOCIONAL PROFUNDA QUE RESSOA NO PRESENTE**, tenha ela sido vivenciada no passado ou apenas imaginada como uma cena temida. Pode ser algo perturbador ou muito prazeroso, de caráter incontrolável. Por mais que se tente disfarçar, essa "revivência" se expressa no corpo de forma peculiar, particular e original.

Foi do psicólogo francês Théodule Ribot que Stanislavski, sabido amante da ciência, tirou sua conhecida expressão "memória afetiva" ou "memória das emoções". Segundo Ribot, as experiências sensoriais – ou seja, que vivemos por meio dos sentidos – ficam armazenadas na mente e podem ser retomadas/revivenciadas de duas formas: espontânea ou provocada. As revivências espontâneas ocorrem de forma inconsciente – como na famosa passagem de *Em busca do tempo perdido*, de Marcel Proust, em que a personagem, ao molhar uma *madeleine* numa xícara de chá, recorda todo o seu passado –, enquanto as provocadas podem ser induzidas conscientemente. Ribot classifica estas últimas em quatro tipos: de gosto e olfato (sensoriais), de sensações internas (fome, sede, entre outras), de prazeres e dores e, por fim, de emoções e paixões.

No grupo das emoções e paixões, podem atuar dois tipos de memória: a intelectual e a afetiva. A memória intelectual é a simples lembrança dos fatos que conduziram o indivíduo a tal emoção – ou seja, nos lembramos apenas das situações que supomos terem contribuído para o sentimento. No caso da memória afetiva, nos lembramos da emoção em si – ou seja, de como nos comportamos no momento em que a sentimos, como nosso corpo reagiu a essa experiência e quais reflexos físicos foram provocados por ela.

O método da memória afetiva parte da premissa de que somos feitos dessas lembranças e projeções arquivadas no tecido mais íntimo do nosso ser, registradas corporalmente. É importante destacar que o termo "afetiva" das primeiras traduções para o português não diz respeito ao sentimento de ternura, mas sim a tudo aquilo que nos impacta, atravessa e mobiliza. Portanto, ao longo deste livro, usarei a expressão **IMAGEM QUE AFETA**.

Quando um ator ativa uma imagem que afeta – seja ela uma lembrança feliz, triste, traumática ou amorosa –, não está apenas acessando um dado de seu álbum particular, mas puxando o fio de uma ficção que reorganiza todo o seu sistema – respiração, tônus muscular, fluxo hormonal, campo visual, percepção do presente. Como nos mostra Lisa F. Barrett, a neurociência contemporânea confirma essa trilha: o que chamamos de imagem que afeta não é uma simples lembrança, e sim uma **REATIVAÇÃO SOMÁTICA**.

Ao lembrar e projetar, o cérebro faz mais do que apenas acessar imagens; ele reacende os mesmos **CIRCUITOS NEURAIS** que foram ativados no evento original, podendo fazer com que a amígdala emocional dispare, o hipotálamo regule o corpo, o sistema nervoso reaja.

Do ponto de vista biológico, provocar emocionalidades por meio do "álbum pessoal de imagens impactantes" envolve resgate (e, algumas vezes, desgaste) sensorial, fisiológico e mental.

Essa não é uma técnica restrita ao ator, mas uma habilidade humana. Todos nós podemos – e fazemos isso o tempo todo, mesmo sem perceber – acessar imagens que afetam e moldam nosso humor, nosso comportamento e até nossas escolhas.

Para o cérebro, visualizar mentalmente é (re)viver. Meu interesse aqui não é reabrir feridas, mas reconhecer – e, portanto, aprender a reproduzir – estados moldáveis, sensíveis e compartilháveis. A emoção aqui é ferramenta útil, ética e viva.

> É impossível sentir sem envolver o **CORPO** no processo.

E isso pode ser desgastante. Nem todo corpo está disponível para treino. O ensaio de emoções profundas pode ser uma ferramenta potente de transformação, mas também pode gerar sobrecarga, retraumatização e/ou confusão interna quando aplicado fora de contexto, sem contenção ou escuta real. Este livro propõe a fisicalidade emocional como prática de reorganização subjetiva, não como atalho para curas mentais.

Entre as contraindicações deste método, estão: crises psíquicas ativas, histórico de traumas não trabalhados, deficiência neurológica, transtorno dissociativo ou psicossomático, alexitimia, ausência de rede de apoio e contextos em que a emoção é exigida, não construída. A repetição emocional – mesmo simbólica – esculpe caminhos neurais. Isso vale para a potência, mas também para a exaustão. O ator que vive raiva ou dor sem estratégia de saída pode impregnar o corpo com resíduos fisiológicos. O não ator, ao acessar imagens biográficas sem estrutura, pode intensificar o que deveria aliviar. Plasticidade é uma via de reconfiguração positiva quando bem utilizada.

O preço da incorporação

Certa vez acompanhei, não sem preocupação, o processo de um amigo ator que se preparava para interpretar um dependente químico com transtorno de personalidade. Durante muitos meses, esse ator passou a provocar – de forma consciente e inconsciente – padrões de respiração encurtada, tensão muscular crônica e uma fisicalidade marcada por medo, raiva e desespero. Para quem nunca presenciou um ator visceral "cavando", no próprio corpo e na própria biografia, as emoções necessárias para sustentar certas cenas, minha preocupação pode parecer exagero. Mas asseguro: não é.

Há intérpretes que, na busca por um grau extremo de verdade, usam os próprios sistemas biológicos – seu corpo, sua química interna, suas memórias – como matéria-prima da cena. Sinto que alguns chegam a gastar parte da vida com determinadas personagens. É como se esticassem mais e mais o "novelo" da própria vida, seu emaranhado de afetos, traumas, experiências e histórias pessoais. Esse novelo, normalmente flexível, pode esticar, encurtar, voltar ao lugar. Mas todo elástico tem um limite. Se esticado em excesso, por tempo demais, pode se deformar ou, às vezes, até arrebentar.

Já me deparei com atores cujo novelo se rompeu e posso afirmar: não é algo bonito de se ver. Quando um ator permanece imerso por muito tempo nas emoções e nos padrões fisiológicos de uma personagem, seu sistema nervoso pode parar de diferenciar ficção e realidade. Como nos lembra o psiquiatra Bessel van der Kolk, o corpo deixa de distinguir o que é atuação e o que é vida, reagindo ao medo encenado como se fosse real, à raiva fingida como se fosse sentida. Parafraseando o poeta Fernando Pessoa, o ator é um fingidor, que finge tão completamente, que chega a fingir que não é dor a dor que deveras sente.

O corpo registra. O corpo guarda. O corpo responde.

O neuropsiquiatra Thomas Fuchs reforça essa ideia ao afirmar que cada gesto que repetimos, cada emoção que sentimos – ou representamos – esculpe modelos internos que reorganizam respiração, postura, voz, reflexos e até expectativas emocionais. É como se, ao interpretar uma personagem, o ator atualizasse a própria **BIBLIOTECA SENSORIAL E EMOCIONAL**, criando novas trilhas neurais e novos padrões de resposta. Por isso, não é raro que quem o observa de fora perceba mudanças como um novo ritmo de fala, um sotaque diferente, um jeito particular de rir, andar ou existir.

Parte da identidade habitual do ator fica temporariamente tingida – ou, em casos mais extremos, sobreposta – pela da personagem.

Sair da personagem e voltar para si nem sempre é um processo rápido ou fácil. Se não houver um processo consciente de desativação, de desligamento físico, emocional e nervoso daquela construção, o corpo segue operando no modo personagem. Foi exatamente o que aconteceu com o amigo ator que mencionei anteriormente: o tempo que ele passou reproduzindo os padrões fisiológicos e emocionais daquela personalidade elevou, por meses, seus níveis de cortisol (o hormônio do estresse), que, quando cronicamente ativado, intoxica o organismo, fragiliza a imunidade e desorganiza a mente. O resultado foi um quadro severo de síndrome do pânico, que precisou ser tratado com acompanhamento medicamentoso e terapêutico.

Esse episódio não é uma exceção. Parte do trabalho do ator é construir novos caminhos sinápticos entre neurônios, transitando entre estados emocionais mais rapidamente do que a maioria das pessoas. Isso faz parte da rotina da profissão, é um exercício constante.

Da mesma forma, sair desse estado também é outro exercício. Há uma história conhecida no universo da música que ilustra esse processo. Eric Clapton, ao contrário de muitas estrelas do rock, nunca curtiu a aura de divindade que tentaram lhe dar, afirmando inclusive que odiava o famoso grafite que apareceu nos muros de Londres, nos anos 1970, com os dizeres "Clapton is God". Em entrevistas, documentários e na autobiografia, lançada em 2007, o músico diz que, depois dos shows, muitas vezes fazia questão de voltar dirigindo para casa, onde se dedicava a tarefas banais – como arrumar a cozinha ou colocar o lixo para fora – como um gesto de "aterramento", de retorno à vida comum. Era sua forma de não ser tragado pela imagem que o público projetava no palco, uma espécie de ritual de desconstrução da personagem incorporada.

A palavra "incorporar", aliás, vem do latim *incorporo*, que significa "colocar dentro do corpo". Por isso é preciso ter cuidado com as personagens que topamos interpretar: a neuroplasticidade está aí para nos mostrar que, de tanto repetir, nos tornamos – seja para o bem ou para o mal.

Os atores devem saber **EXCORPORAR** uma personalidade. Não atores também.

O medo é uma emoção desvalorizada na sociedade ocidental, que incentiva a competitividade, a hiperprodutividade e, consequentemente, a coragem. A raiva, vista como natural quando expressada por homens brancos, é condenável entre as populações feminina e negra. É diferente da tristeza, que não é bem-vista entre a população masculina como um todo. Muitos desses comportamentos, frutos do machismo e do racismo estrutural que formam o senso comum, fazem com que passemos a vida tentando evitar nossa emocionalidade. E reprimir emoções num mundo já tão cruel acaba por nos adoecer.

Se você já foi assaltado ou passou por uma experiência de quase morte, provavelmente sentiu uma enxurrada imediata de cortisol em seu organismo. Quando o corpo percebe que está correndo perigo, esse hormônio faz o sangue fluir para as extremidades, a pupila dilatar, a audição se aguçar e os reflexos se tornarem mais rápidos. A decisão de fugir ou ceder à ameaça dura uma fração de segundo, e, quando a situação chega ao fim, o tempo para nos recompormos provavelmente será curto também.

Mas esse padrão não é orgânico: somos socialmente obrigados a reduzir o tempo de resposta às emoções. O problema é que, se não aliviamos o estresse na hora em que ele é provocado, o cortisol produzido pode continuar intoxicando o organismo após o evento, dando origem, no longo prazo, a um tique nervoso, uma queda acentuada de cabelo, uma mandíbula enrijecida ou alguma inflamação como gastrite, gastroenterite, amigdalite, dermatite e outras "ites".

Peter A. Levine, médico e terapeuta estadunidense, PhD em Psicologia e Biofísica Médica, desenvolveu um método interessante para a resolução de traumas: o Somatic Experiencing (Experiência Somática) parte da observação naturalista de que, embora os animais selvagens enfrentem ameaças rotineiras, eles raramente ficam traumatizados. Segundo as pesquisas realizadas por Levine, o segredo para isso é que, após um ataque, os animais passam um bom tempo se debatendo e se sacudindo a fim de eliminar toda a toxina que o estresse produz no corpo. Todos nós devíamos aprender essa técnica de detox.

Ao longo dos séculos, nos afastamos tanto da natureza que nem parecemos pertencer a ela – somos apenas vestígios daquele hominínio. Hoje, com um clique em um aplicativo de entregas, ingerimos mais calorias com um Big Mac do que nossos antepassados ingeriam em uma semana. Somos cobrados de retomar rapidamente nosso padrão de comportamento mesmo após uma experiência difícil, de buscar reações "positivas" mesmo quando nosso corpo nos diz o contrário. Adoecemos coletivamente e enquanto indivíduos. Para nos curarmos, é preciso acolher essas emoções e nos desintoxicarmos a fim de retomar o equilíbrio.

Acolher emoções e limpar toxinas são superpoderes.

Fisicalidade e persona

O ser humano pisou na lua, inventou a penicilina, o avião, a bomba atômica, o cinema, o celular, a poesia, a pipoca de micro-ondas, as velas aromáticas. Desenvolvemos tantas habilidades no ambiente externo que quase nos esquecemos de que é possível alterar uma emocionalidade da mesma forma que nos comprometemos a praticar exercícios físicos. Este é, aliás, um processo bastante lúdico. Experimente modificar sua postura física em um dia que estiver se sentindo vulnerável, ou fazer um exercício de encorpar a voz quando precisar se sentir mais encorajado. Existe uma postura física de poder, conhecida como *power posing*, que ajuda nessa tarefa: basta fechar os olhos, colocar as mãos na cintura, manter o queixo erguido, os pés afastados, e respirar com as narinas bem abertas. Essa postura heroica possivelmente lhe trará sentimentos internos de conquista e lembranças de sucesso.

No início, pode parecer meio ridículo, mas acredite: esse placebo postural pode recalibrar o tônus sensorial interno.

Se você conseguir se ver "de fora", como uma personagem em um filme, poderá compreender que os padrões físicos mais repetidos no seu cotidiano são os responsáveis por determinar seu humor.

Tenho a teoria de que cada um de nós repete determinadas emoções a ponto de transformá-las em sentimentos impregnados no corpo. Não é por acaso que, à medida que envelhecemos, nosso rosto ganha as marcas das expressões que mais fizemos durante a vida. A inflexão da voz também é um exercício importante nessa lógica da transformação. Uma voz mais forte e alta, por exemplo, pode mudar sua percepção de mundo e a percepção das pessoas sobre você. Indo além, se erguemos o queixo ao falar, ainda que não seja um movimento natural no início, acabamos criando a emocionalidade desse gesto e, por meio da ativação da ancestralidade dessa sensação, confundimos o juiz do sistema nervoso central, fazendo com que ele acredite no sentimento de arrogância, vitória ou superioridade.

É salutar lembrar, no entanto, que as imagens faciais usadas neste livro, bem como a voz e a fisicalidade das emoções, não são universais ou biologizantes. Existe um jogo de forças sociais e culturais que pode desenhar a face e o corpo de acordo com o que precisa ou pode ser comunicado. Aqui, corpo, voz e expressões faciais serão usados como partitura e gramática cênica, e não como lei natural absoluta. O contexto é uma circunstância dada, e muitas populações são inibidas de transparecer opiniões físicas.

> A **FISICALIDADE**, quando praticada constantemente, torna-se **PERSONALIDADE**.

O caso do medidor de pressão

Quando estou no set de filmagem, uma das primeiras atividades que proponho aos atores é construir suas personagens sem julgamentos, por meio da imaginação. Adoro técnicas de hipnose, então peço que fechem os olhos e pergunto: se você fosse absolutamente livre para construir sua personagem, como ela seria? Quais objetos usaria no dia a dia? O que ela faria quando estivesse sozinha, em sua intimidade, e que não contaria a ninguém?

Somos assim na vida: seguimos rotinas e usamos máscaras sociais, mas também temos segredos irreveláveis. Usamos, de forma repetida e singular, diferentes objetos de acordo com nossas circunstâncias particulares. Da mesma forma, uma personagem contará sua história por meio dos objetos que carrega, das roupas que usa, do jeito que anda, da forma como se expressa. Tudo nela comunica.

Certa vez, durante um trabalho de preparação para um longa-metragem, como parte de um exercício para ajudar a compor personagens a partir de ações, pedi aos atores que pensassem em um objeto que fizesse parte de suas personagens e os trouxessem para o ensaio. No dia seguinte, um deles trouxe um pente, outro um cigarro, outro uma tangerina e outro, um medidor de pressão. Foi maravilhoso, porque não havia nada no roteiro que apontasse diretamente para aqueles objetos. Nenhum deles foi usado no filme, mas, nos ensaios, o elenco se comportava como se cada um contasse parte da história: o ator que levou o pente o tirava da gaveta para pentear o bigode quando ninguém estava olhando, sinalizando sua preocupação com a aparência; o que levou o cigarro o cheirava de vez em quando para matar a saudade do antigo vício; o que levou a tangerina a comia durante os diálogos; e o que levou o medidor de pressão, cuja personagem era ranzinza e acelerada, era constantemente acalmado pelos demais, como se não pudesse se exaltar por causa de um problema no coração. Para mim, esse foi o início do *to play*: todos estavam construindo suas personagens de fora para dentro, sem julgamentos.

É claro que cada construção depende do contexto. Para interpretar Albert Einstein, por exemplo, um ator teria que estudar a vida e a obra do físico alemão, bem como suas circunstâncias sociais, econômicas, religiosas, familiares, profissionais, amorosas etc. Mas quem pode afirmar quem foi Einstein entre quatro paredes? Será que ele era inseguro? Que cortava a etiqueta de suas roupas? Que gostava de observar o céu? Que contava piadas? Que escovava a própria língua? Outro dia, por exemplo, vi uma matéria que dizia que nosso maravilhoso poeta Carlos Drummond de Andrade era fã do programa humorístico *Os trapalhões*. Se é verdade, não sei, mas achei isso magnífico.

CRIAR é acolher
liberdades incomuns.

Se não for assim, ficamos presos em um espaço delimitado por nossos julgamentos, por nossas noções de certo ou errado, de bonito ou feio, e acabamos agindo sempre de forma muito parecida ou previsível. No caso do medidor de pressão, a simples presença do objeto fez com que o ator começasse a levar a mão ao coração durante as cenas, ou que alterasse seu padrão respiratório, mudança que influenciou a construção da personagem. Isso não significa que, de tanto repetir o gesto, o ator passou a ter problemas de coração, pois essa é uma condição que depende de inúmeros fatores. No entanto, se esse mesmo ator representasse por muito tempo uma personagem com um padrão respiratório diferente, com expressões agudas de dor, medo e tristeza, ou se não se desvinculasse dessa fisicalidade fora do set, ele poderia desenvolver depressão e ansiedade, o que, por sua vez, talvez contribuísse para quadros mais graves.

> O ator se confunde com a personagem não tanto por questões psicológicas, mas por **REPETIÇÕES** de **PADRÕES** diferentes dos seus próprios.

Ao contrário do exemplo da personagem estressada, um ator que apresenta comportamento ansioso, mas que, durante um longo período de tempo, interpreta uma personagem "zen", de fala mansa e padrões físicos, vocais e faciais mais lentos, pode acabar se transformando pelo ofício de fingir o que não é. Em resumo:

- o cérebro nem sempre diferencia o imaginário do real;
- simular uma fisicalidade repetidamente é capaz de confundir o cérebro a ponto de transformar a autorrealidade;
- somos seres coletivos e estamos, o tempo todo, recebendo e enviando códigos emocionais uns aos outros;
- o domínio da arte de inventar novas fisicalidades nos possibilita vivenciar outras experiências;
- todos podemos aprender, por meio da interpretação cênica e do teatro expandido, a desenvolver técnicas que dispensam os gatilhos externos das emoções para ir direto à emoção que queremos expressar.

Até agora, busquei desenhar, de forma sistêmica, as pontes entre neurociência e encenação. Embora muitos acreditem que o cérebro seja apenas o reduto da forma e da razão, também estão sob sua responsabilidade os instintos, a visceralidade e a intuição.

É fato que, desde os primórdios, a humanidade busca encontrar explicações concretas para as emoções e os conflitos. No entanto, foi somente no século XIX que importantes eventos tecnológicos e científicos pavimentaram o terreno para o florescimento, na virada do século, de estudos neurofisiológicos do comportamento e das emoções humanas.

> Aquilo a que chamamos de **IDENTIDADE** é tudo o que nosso cérebro experimentou, editou, omitiu e repetiu ao longo da vida.

O cérebro é o responsável por nossas escolhas pessoais, nossos comportamentos, nossas emoções, nossa memória, nossos aprendizados e nossa criatividade.

Nos próximos capítulos, desceremos aos labirintos da mente e vasculharemos os sótãos lotados das categorias emocionais. Investigaremos os bastidores, o aquecimento que antecede o gesto e a fala na cena, aquilo que o público não vê: os ensaios e os roteiros secretos do corpo e da mente. Recorreremos à literatura física para identificar e provocar algumas fisicalidades importantes.

ATO 2

CATEGORIAS EMOCIONAIS

MEDOS

O medo impede o corpo de realizar
seus próprios milagres.
Antonin Artaud

Panis et circenses

Abrem-se as cortinas do teatro, inicia-se a música de suspense, rufam os tambores. Estamos em 146 a.C., e Roma acabou de sair vitoriosa das Guerras Púnicas. Com a tomada de Cartago, o Império Romano avança sobre a Grécia e a domina de forma inusitada: longe de sufocar a cultura grega, essa foi uma das poucas vezes na história que um colonizador incorporou, deliberadamente, tantos elementos do colonizado à própria cultura. Tal ritual, conhecido como *invocatio*, era um hábito do Império Romano. Nessa cerimônia, antes de uma batalha de anexação, oferecia-se um templo em Roma aos deuses do inimigo para que eles os ajudassem na guerra, prática que acabava por enriquecer a religião romana com entidades mitológicas de outras tradições. Essa é uma mensagem clara de que até os deuses rivais podiam se tornar aliados após a conquista de um povo. Promove-se assim, também, um esvaziamento simbólico da identidade do estrangeiro. O Império Romano se tornou tão vasto por ter inaugurado uma espécie de "dramaturgia do domínio" ou "teatro do poder": a dissolução da força do outro por meio da ritualização da conquista e da espetacularização do fracasso. Foi assim que

Zeus se tornou Júpiter, Afrodite se tornou Vênus e Dionísio se tornou Baco. À prática de associar um deus local a uma nova entidade, deu-se o nome de *interpretatio*. Não por acaso, vem daí a palavra "interpretação".

Essa incorporação ocorreu também na arquitetura, nas ciências, na cosmogonia e nas artes. Vale lembrar que, nessa época, o Império Romano já controlava a maior parte do mundo conhecido como ocidental – principal recorte social, geográfico e cultural deste livro. Houve um momento em que um de cada quatro habitantes do planeta pertencia a esta que foi a maior civilização da história ocidental, vivendo sob as ordens do Imperador de Roma.[13] Nessa enxurrada de novos hábitos e culturas, Roma abraçou o teatro grego, mas, em sua interpretação dessa arte, por diferenças de temperamento e contexto, também o modificou.

A primeira mudança significativa ocorreu na arquitetura. Enquanto os gregos utilizavam aclives naturais na construção de suas arquibancadas, os romanos, com a nova tecnologia do *cæmentum* – mistura de cinzas vulcânicas, água e pedras que deu origem ao atual cimento –, criaram arcos que permitiam construções grandiosas que podiam chegar a cinquenta metros de altura. Além disso, enquanto os teatros gregos eram a céu aberto, os romanos erigiram os primeiros prédios com fachada, bilheteria, galerias de acesso, assentos numerados e a noção de comércio artístico como a conhecemos hoje.

Outra mudança significativa foi o sucesso do gênero comédia. Pelo temperamento dos romanos, a distração e o deleite tiveram mais êxito entre o público do que as tragédias dos reflexivos gregos. O teatro romano era, basicamente, entretenimento e diversão, costume que também se mantém

---

13 BATTAGLIA, Rafael. Qual era a população de Roma em seu auge? *Superinteressante*, fev. 2024. Disponível em: https://super.abril.com.br/mundo-estranho/qual-era-a-populacao-de-roma-em-seu-auge

até hoje na civilização ocidental. Foi nessa época, inclusive, que o termo "espetáculo" foi cunhado. Etimologicamente, deriva de *spectare*, que significa ver. No palco, fogos de artifício, mudanças "mágicas" de cenários, simulação de incêndios, figurinos opulentos e cenas de sexo explícito tomavam a preferência do público. E se houvesse, no roteiro da peça, alguma personagem que fosse assassinada, o ator era substituído por um condenado de guerra, que era literalmente morto em cena.[14]

Por fim, embora a maior parte das civilizações antigas já contasse com algum tipo de arte circense, o circo como o conhecemos hoje só tomou forma com o Império Romano. O Circus Maximus, construído por volta de 189 a.C., era um centro de demonstração de habilidades especiais, mas também de poder, opulência e violência dos césares. Com capacidade para 150 mil pessoas, o Circus Maximus foi palco de corridas de bigas, desfiles de animais exóticos, apresentações de engolidores de espadas e cuspidores de fogo, comícios, jogos populares e até cortejos de vitórias militares, com a humilhante presença dos derrotados na guerra. No final do século I, o Coliseu passou a ser a arena principal dos "eventos de carnificina", que consistiam em jogos gladiatoriais e caçadas de animais. Foi no teatro romano, a partir de Quintus Ennius, que passamos a dividir o espetáculo em três atos: apresentação, desenvolvimento e clímax. Também data dessa época o emprego de frases curtas e metáforas, além do uso da violência em cena, certamente uma das evidências mais marcantes.

Após a crucificação de Jesus na Judeia, seus seguidores passaram a ser marginalizados pelas autoridades locais e, com o tempo, a sofrer perseguições mais sistemáticas por parte do

---

[14] Fatal Charades: Roman Executions Staged as Mythological Enactments. *The Journal of Roman Studies*, v. 80, nov. 1990. Disponível em: https://doi.org/10.2307/300280

Império Romano, especialmente a partir do governo de Nero. Nesse período, os cristãos viviam em comunidades espalhadas pelo vasto império dos césares, mas não pagavam impostos, não adoravam ao líder político e não trabalhavam para o Estado. Por esses motivos, os civis romanos os hostilizavam e os consideravam prejudiciais ao desenvolvimento social, sendo favoráveis à execução dos líderes cristãos em espetáculos públicos, como ocorreu com Santo Inácio. Não se sabe ao certo quantos foram assassinados para desencorajar novos adeptos ao cristianismo, mas é fato que, ao contrário da dramaturgia grega, que promovia a catarse da plateia por meio da arte, agora o espetáculo sanguinário se tornara a bola da vez. Diferentemente da Grécia, onde os atores eram cultos, letrados ou sacerdotes, em Roma os artistas eram considerados seres degradados, que não valiam mais que "uma chuva de tomates podres", visão que perdurou por séculos no senso comum.

Além disso, a Europa também sofria com crises sanitárias, fome e guerras, fatores que contribuíram para altos índices de mortalidade e uma baixa expectativa de vida. Exemplos dessas tragédias incluem as Cruzadas, as Invasões Bárbaras, as guerras civis e outras disputas territoriais, além de doenças como a cólera e a peste bubônica. As ameaças eram muitas. Os motivos para sentir medo, também.

Estima-se que, nos primeiros cem dias de atividade do Coliseu, morreram, somente ali, cerca de 9 mil animais, 2 mil gladiadores e centenas de cristãos, assassinados das maneiras mais cruéis possíveis, diante do público, para que não restassem dúvidas sobre o que aconteceria a quem ousasse desafiar o poderio de Roma.[15] Foi assim que, além de disseminar o desenvolvimento do direito, das artes, da literatura,

---

[15] SUESS, Jessica. The Colosseum's Inaugural Games: 100 Days of Spectacles. *The Colector*, jan. 2025. Disponível em: https://www.thecollector.com/colosseum-inaugural-games-spectacles

da arquitetura, da tecnologia, do esporte e da linguagem, o anfiteatro romano contribuiu para espalhar pelo mundo algo que, ainda hoje, conhecemos bem: o doutrinamento coletivo através da punição pública e da espetacularização do medo. Essa pedagogia social, utilizada como ferramenta de poder de uns sobre outros, é capaz de gerar memórias traumáticas coletivas e involuntárias mesmo milhares de anos depois. O medo de perder na "arena" diante dos olhos do outro reside em nós até hoje, de diversas maneiras e de forma inconsciente.

Toda emoção é uma hipótese

Como vimos, as emoções são uma forma de comunicação e uma ferramenta de sobrevivência. O medo, por exemplo, é uma resposta adaptativa a situações interpretadas no passado como ameaçadoras e indesejáveis, uma reação a uma série de respostas fisiológicas e comportamentais que preparam o indivíduo para lidar com determinada fonte de perigo. O mais adequado é chamar de "medos", no plural, já que variam em intensidade e que existem diversas razões subjetivas para senti-los.

Há, por exemplo, o medo que surge diante de perigos concretos, como ser abordado por um assaltante armado ou ouvir um alarme de incêndio soar em um ambiente fechado, como já vimos. Mas há também os medos sem gatilho aparente – como as fobias – ou as emoções mal reguladas – como os casos de transtorno de ansiedade generalizada (TAG) e transtorno do estresse pós-traumático (TEPT). Para o cérebro, no entanto, todos esses estímulos são reais, baseados em experiências, histórias e contextos que ensinaram o indivíduo a se proteger das mais diversas ameaças.

O padrão de resposta aos medos pode variar entre indivíduos e culturas. Para fins didáticos, vamos analisar dois gestos corporais comuns: a paralisia e a fuga. Na paralisia, uma reação do chamado **MEDO PASSIVO**, o indivíduo fica inerte diante do que é percebido como perigoso. O corpo tende a ficar imóvel, estático, numa postura de encolhimento, com braços e mãos levantadas num gesto de proteção e as sobrancelhas erguidas. O indivíduo passa a respirar exclusivamente pela boca, num padrão respiratório que consiste em inspirações hipopneicas (de fluxo irregular e arrítmico de pouca amplitude), seguidas de expirações incompletas que, às vezes, resultam numa fase expiratória-inspiratória de "suspiros". Como resultado, a respiração torna-se bastante irregular.

Já na fuga, uma reação do chamado **MEDO ATIVO**, pode haver um incremento do tônus muscular, que afeta especificamente as musculaturas cervical e torácica. Os grupos musculares localizados nas áreas do pescoço e dos ombros se contraem a fim de proteger zonas vitais, como as artérias e a traqueia. O padrão postural é modificado pela reação de fuga, num sinal de defesa e prontidão. A movimentação rápida e precisa dos globos oculares, provocada por uma busca visual de opções de saída, também costuma ser uma característica dessa categoria emocional, podendo vir acompanhada da abertura das narinas e da dilatação das pupilas. Todas essas mudanças ocorrem para que o indivíduo possa ouvir, ver e farejar melhor o perigo iminente.

Nosso **SISTEMA SIMPÁTICO**, responsável por nos preparar para agir, atua em momentos de estresse, sobrevivência ou reação de luta ou fuga. Para que isso ocorra, vários mecanismos do nosso corpo sofrem alterações. A frequência cardíaca e a força de contração do coração são aumentadas, distribuindo o sangue com mais intensidade para os músculos e o sistema nervoso central, aumentando nossa força muscular e a atividade mental. Por meio da dilatação dos brônquios, aumenta-se também o fluxo de ar para os pulmões, fator fundamental para manter oxigenados todos os sistemas que estão exercendo uma atividade mais vigorosa. Em resposta, as reações metabólicas celulares são aceleradas, nos permitindo exercer tais atividades com mais energia e provocando, como consequência, a sudorese e a dilatação pupilar.

Uma grande guerra interna

Era uma madrugada fria em Brasília quando cheguei ao estúdio para um trabalho de coordenação de intimidade em uma série brasileira. Devido ao clima, não percebi de imediato que a atriz que interpretava a protagonista tremia era de nervoso. Apesar de já ter conversado anteriormente com ela e seguido todos os protocolos, nada me levara a crer que o medo de "errar" em sua primeira cena de sexo simulado a engessaria tanto. Na cena em questão, sua personagem seduzia o vilão, ou seja, era ela a promotora daquela ação.

Tudo na atriz operava no sistema medo: ela andava para trás, falava baixo e apresentava microexpressões de pavor. Faltava pouco para ter uma crise de pânico, algo que certamente não desejávamos. Até que, depois de muitas conversas, inclusive com seu parceiro de cena, que tentou acalmá-la, resolvi recorrer a algumas técnicas de respiração e mudança de postura. Eu a levei para um lugar longe da equipe, onde ninguém podia nos ver, e propus que invocássemos, juntas, um som ritmado, batendo o pé direito à frente do corpo para criar um padrão sonoro. Trata-se de uma espécie de ativação ancestral, misto de ciranda e dança ritualística indígena. Com esse gesto, ativávamos a emoção da força. Afinal, se na cena a personagem "partiria para cima" de outra, o que precisávamos ali era preparar o corpo e a mente da atriz para uma atitude de enfrentamento.

Em poucos minutos, voltamos ao set e ela comunicou ao diretor que estava pronta para fazer a cena.

Se houvesse uma câmera percorrendo a corrente sanguínea dessa atriz antes de sua mudança de postura, veríamos seu envenenamento por cortisol. Vamos supor, por um momento, que ela não conseguisse atuar naquela cena. Ela voltaria para o hotel não apenas frustrada com seu trabalho, mas apavorada por ter que enfrentar o mesmo medo no dia seguinte. O pavor viria não apenas da cena, mas também do receio de colocar a perder novamente o trabalho de toda uma equipe, além do risco de nunca mais ser escalada por aquele diretor.

Essa sequência de possibilidades assustadoras é o que chamamos de **MEDO CONTINUADO**, que no longo prazo afeta o sistema nervoso simpático e passa a produzir cortisol em quantidade suficiente para provocar diferentes níveis de alteração no corpo. No nível externo, por exemplo, é comum haver queda de cabelo, pois quando nos sentimos ameaçados é como se estivéssemos numa batalha, situação na qual o corpo busca recursos indispensáveis e abandona o que não o ajuda a lutar. Num contexto duradouro, o cortisol inibe a recuperação do folículo piloso e de fibroblastos da pele, o que favorece o surgimento de rugas e manchas. No nível interno, pode haver sensação constante de aperto no peito, dificuldade para respirar e problemas gastrointestinais. Isso se deve principalmente ao tensionamento dos músculos, que preparam o corpo para fugir ou lutar. Já no nível hormonal, o cortisol pode alterar a ação do estrogênio, da progesterona ou da testosterona, afetando o organismo de diversas formas.

Em um momento de estresse pontual, o cortisol pode atuar como anti-inflamatório, mas, quando a situação se prolonga, o sistema imunológico se dissocia e nós adoecemos. Isso acontece porque, como vimos, o estado de estresse constante modifica todo o sistema imunológico, podendo provocar inflamações.

No caso da atriz, toda essa montanha-russa emocional foi evitada lá no início, quando demos a devida atenção aos seus gatilhos e controlamos o estresse. Por isso acredito que a chave para se poupar de dores e dissabores é buscar compreender o funcionamento do próprio organismo. Quando se sentir estressado, sugiro que se questione: "Quais fatores me trouxeram a esse estado? O que me coloca em modo de alerta? Quais gatilhos disparam meu sistema nervoso simpático e o consequente escape de cortisol?".

FOMO, fama e fome de vida

Nos anos 2010, as redes sociais popularizaram o conceito de FOMO, ou *fear of missing out*, que significa o medo constante de perder alguma experiência de vida. Esse sentimento, potencializado pela compulsão de compartilhar cada detalhe de nossas vidas na internet, pode provocar angústia, ansiedade e, em casos mais graves, até mesmo depressão.

Quem nunca se sentiu péssimo ao ver que todas as pessoas do mundo parecem bem-sucedidas, descoladas, ricas e felizes, enquanto nós estamos em casa, de moletom e com o cabelo oleoso, comendo uma fatia de pão que caiu com a manteiga virada para baixo?

No mundo digital, é como se estivéssemos em estado de alerta constante: tememos o "perigo" de deixar algo passar por nós, de não estarmos por dentro da tendência do momento, de não entendermos o novo meme do qual todos estão falando. Nós entramos em *chats*, portais de notícias, aplicativos de mensagem, redes de fotos, *streamings*, tudo ao mesmo tempo, tentando alimentar uma fome que nunca será suprida, porque sempre haverá milhares de coisas novas acontecendo no mundo. As telas nos fizeram acreditar que tudo está ao nosso alcance e que precisamos estar sempre conectados para sermos vistos, para nos sentirmos relevantes, para simplesmente existirmos. Mas, no fim das contas, essa equação nos transforma em pessoas com dificuldade de relaxar, que estão sempre alertas e ansiosas, longe da própria essência, provocando um quadro de estresse muito nocivo ao corpo.

Alinhada ao sentimento de FOMO está a **CRONOPATIA**, também conhecida como "a doença da época". A palavra vem do grego *chrono* (tempo) e *pathos* (sofrimento). Em resumo, diz respeito à nossa compulsividade em estar sempre fazendo alguma coisa, sempre produzindo, como se fôssemos proibidos de parar ou não tivéssemos direito ao ócio. Essa correria capitalista, de lógica mercantilista, que não nos permite desacelerar, somada ao perfeccionismo, tão enaltecido na "sociedade do cansaço", faz de nós pessoas eternamente insatisfeitas, sempre inquietas e incomodadas com tudo que consideramos falho no mundo. O problema é que, no longo prazo, podemos acabar vítimas de uma insatisfação vital, já que a vida em si tem um componente muito grande de imperfeição. Quando se é muito perfeccionista, pode-se desenvolver um transtorno obsessivo compulsivo (TOC), por exemplo, que impacta expressivamente nossa saúde mental e qualidade de vida.

Outra questão contemporânea marcada pela rápida mudança das tendências mundiais é a chamada *skill flux*, ou "obsolescência das habilidades". Se antes dos anos 2000 o que aprendíamos sobre determinada função era válido por anos no mercado de trabalho, em 2025 foi constatado que essas habilidades têm durado uma média de dois anos. A previsão é de que globalmente, até 2030, 170 milhões de novas funções serão criadas e 92 milhões, destituídas.[16] No Brasil, estima-se que 70% das habilidades utilizadas na maioria dos empregos irão mudar.[17] Os principais causadores dessas mudanças são avanços tecnológicos (como as ferramentas de inteligência artificial), mudanças demográficas, tensões geoeconômicas e pressões econômicas. Nesse novo cenário, o *surge skilling*, ou "capacitação acelerada", conceito que se refere à capacidade de se atualizar rapidamente, passa a ser mais valorizado no mercado do que conhecimentos profundos em áreas específicas.

Por fim, muitos de nós ainda são vítimas do que chamo de "obrigação da fama", ou seja, a necessidade de aparecer e

---

[16] World Economic Forum. (2025). *Future of Jobs Report 2025*.

[17] LinkedIn. (2025). *Work Change Report: AI is Coming to Work*.

ter seus quinze minutos de glória no *hall* dos famosos, como havia previsto Andy Warhol. Tal necessidade acomete pessoas de perfis variados, independentemente da profissão ou do fato dessa exposição fazer sentido para aquele indivíduo. Nesse contexto, pessoas que se destacam nas redes sociais muitas vezes ocupam, hoje, postos que antes poderiam ser atribuídos a profissionais com conhecimentos técnicos para aquela função. Número de seguidores e *likes* viraram cortina de fumaça de autoridade. Isso se você ainda não tiver perdido seu emprego para uma ferramenta de inteligência artificial, que executa tarefas com mais agilidade e, quase sempre, a um custo menor. Pronto: está montado o Circus Maximus, com todas as demandas barulhentas e frenéticas da plateia e você ali, caído no meio na arena, envenenado por cortisol.

Há esperança nessa batalha pela reinvenção do sentido de existir?

Isso é meu? Trauma pessoal e geracional

Às vezes, não é o grito que dói, mas o silêncio. Não é o tapa, mas o olhar ausente. Não é a repetição de um gesto ou de uma fala, mas a sensação de abandono. O trauma pessoal nem sempre nasce de eventos catastróficos ou absurdos. Muitas vezes, ele surge de pequenas negligências diárias, como quando a criança chora e não é acolhida, quando um desejo é ridicularizado, quando um medo é minimizado.

> O **CORPO** é nossa memória mais antiga.

Bessel van der Kolk nos mostra que o trauma altera o cérebro, o corpo e a capacidade de viver no presente. Como consequência do trauma, o hipocampo, responsável por organizar a memória, pode encolher, e a amígdala, sirene do alarme emocional, pode se tornar hiperativa. O corpo passa, então, a viver em estado de prontidão constante.

Mas o trauma nem sempre se encerra no indivíduo; ele muitas vezes se espalha como herança geracional, ou seja, por meio daquilo que absorvemos por ensinamento ou repetição. Isso nos leva a refletir se nossa identidade é deliberada ou doutrinada. Já parou para pensar em como os históricos familiares são condicionantes? Nossos antepassados podem ter sido sequestrados em aldeias, capturados como prisioneiros de guerra ou escravizados. Podem ter sobrevivido a epidemias, sido vítimas de violações físicas e mentais, forçados a situações desumanas. Como consequência, vemos avós silenciosos que geram pais ansiosos de netos desconectados. Gerações inteiras aprendem a temer o toque, a evitar o afeto, a não confiar em ninguém. Essa é a configuração do trauma geracional, quando feridas antigas se perpetuam nos gestos e comportamentos cotidianos.

Estudos com populações que sobreviveram a grandes tragédias[18] – como a escravidão, o Holocausto,[19] genocídios, guerras, ataques terroristas, tortura, migração forçada, pobreza extrema ou desastres climáticos, para citar apenas alguns exemplos – mostram que seus descendentes carregam não apenas a memória coletiva, mas sintomas físicos e psicológicos que remetem à dor dos antepassados. Isso não é metáfora. Hoje, fazemos parte de um contingente geracional que sobreviveu à pandemia de covid-19, período em que, diante do caos e do medo coletivo, da falta de segurança e de perspectiva, vimos

---

[18] Leia mais em: https://pmc.ncbi.nlm.nih.gov/articles/PMC7250671

[19] Leia mais em: https://howdidtheholocaustaffect.uark.edu/2024/06/14/the-holocaust-and-generational-trauma

nossos monstros internos serem desenjaulados. Sofremos individualmente e em conjunto, e testemunhamos, com horror ainda maior, as terríveis dificuldades de pessoas em situação de vulnerabilidade diante do descaso das autoridades. Situações como essa, das quais não temos controle, fazem com que nos sintamos pequenos e indefesos, assim como se sentem pessoas constantemente expostas à violência, à miséria, ao *bullying*, ou perseguidas e atacadas por suas identidades e opiniões.

Os traumas gerados por experiências como essas são dolorosos e profundos. Identificamos suas consequências por meio de comportamentos que se repetem em nossa vida: medo de se relacionar ou de confiar no outro, tendência à autossabotagem, dificuldade de dar o primeiro passo, explosões de raiva, depressão, pânico de falar em público, sentimento de insuficiência e/ou inadequação, autocrítica excessiva, sensação de não pertencimento, entre muitos outros.

O corpo é um grande termômetro de nossos gatilhos traumáticos, sinalizando os perigos do que reconhece como uma experiência dolorosa por meio de rubor, sudorese, tensão muscular, mudança de padrão vocal e/ou salivar, travamento da mandíbula, alteração no ritmo e no volume da fala.

Para superar o trauma, no entanto, não basta entender causa e efeito racionalmente: é preciso tratar o corpo, criar novos rituais, narrar outras histórias. Isso porque o trauma não se dissolve no esquecimento, mas se reorganiza na criação e se ressignifica na reinterpretação. Práticas de encenação simbólica – como o teatro, a dança, a música e a escrita – permitem que o corpo exprima o que nem sempre conseguimos dizer. O processo de cura começa quando damos nome ao que doeu e se intensifica quando nos esperançamos do que ainda pode florescer. Afinal, não somos identidades perenes, mas sujeitos em constante evolução, criadores de significados e sentidos, capazes de mudar nossas maneiras de prever situações por meio de reinterpretações simbólicas sobre nosso passado.

Reconhecer que a dor que carregamos não é só nossa é o primeiro passo para entender que não estamos sozinhos em seu enfrentamento. E, para encerrar o ciclo traumático, é preciso escolher não passar essa dor adiante. Além da arte e da expressão simbólica, o caminho da cura passa, também, por reconstruir vínculos de confiança. A neurociência mostra que a corregulação com o outro – alguém que nos ouça ativamente e com empatia – é capaz de reorganizar nossas conexões neurais à medida que oferece um alicerce emocional para um sistema nervoso esgotado.[20] As gerações passadas talvez não tenham tido ferramentas para elaborar suas dores, mas, hoje, podemos lançar mão de estratégias mentais e de linguagem, de acesso à informação e de espaços para partilha de experiências e diálogo.

Para identificar traumas geracionais e históricos, é possível se fazer algumas perguntas:

- O que você sabe sobre a infância dos seus avós? E dos seus pais?
- Consegue identificar ao menos três pontos em que sua vida foi afetada pelas experiências desses familiares?
- Na sua infância, houve alguém dedicado à sua educação ou você precisou "sobreviver" mais do que "viver"?
- Existem pessoas "apagadas" da memória familiar? Se sim, como essa situação o afetou?
- Há assuntos proibidos em sua casa? Se sim, como se sente quando outras pessoas os abordam com você?
- Você sente que herdou dores e medos que não viveu diretamente? De onde acha que eles vieram?
- Consegue identificar algum histórico familiar que parece repetir entre gerações (relação com autoridade e dinheiro, por exemplo)?

---

[20] Leia mais em: https://veja.abril.com.br/coluna/mens-sana/a-neurociencia-da-empatia-conectando-cerebros-em-tempos-de-desavencas

- Você sente que reage de forma desproporcional diante de certos estímulos? Se sim, por que acha que eles o afetam?
- Já se sentiu deslocado dentro de sua própria família ou comunidade? Quais experiências passadas essas sensações evocam?
- Que narrativas de dor, anulação ou falta de limites foram passadas a você como lições de vida ou valores familiares?

Tais reflexões são profundas, e é preciso coragem para investigá-las, assim como se desarmar para refletir. É importante, também, contextualizar, agradecer, abandonar e se propor a fazer diferente no futuro, com amor e propósito. Judith Herman, psiquiatra estadunidense que se dedicou ao estudo de traumas familiares e estresse traumático, propõe que a cura deve envolver três estágios: sentir-se seguro, dar sentido à memória e se reconectar com o outro. Nesse sentido, a arte tem o poder de oferecer um corpo seguro, uma história nova e uma ponte para o outro.

Cada pequeno gesto que cultivamos com gentileza e presença é um tijolo adicionado ao muro que protege nosso futuro de possíveis ameaças.

> Curar-se, portanto, não é apenas um ato individual, mas uma **INTERRUPÇÃO CORAJOSA** da repetição inconsciente.

É o começo de uma nova história, na qual acolhimento, compreensão e perdão ocupam o lugar que antes pertencia ao medo.

Enchente e treinamento

Há alguns anos, o bairro onde eu morava foi atingido por uma grande enchente. Ficamos todos sem energia, e eu não conseguia contato com o transporte escolar que traria meu filho, de apenas 6 anos à época, para casa. Passados alguns minutos que pareceram dias, não vi outra solução senão sair, a nado, em busca do ônibus, que devia estar parado em alguma parte do trajeto, aguardando resgate. Depois de vencer alguns quilômetros daquela água suja e fétida, enfim avistei o veículo literalmente ilhado na rua. Com dificuldade, eu e o motorista conseguimos abrir a porta, e pude finalmente tirar meu filho de lá.

Ainda muito novo, meu filho não tinha noção do perigo de uma enchente e sentiu tanta alegria ao me ver que, sob seu olhar de criança, me tornei uma heroína de desenho animado. De alguma forma, consegui transformar verdadeiramente todo o trajeto de volta em uma brincadeira para ele, que chutava a água e achava graça de ver a rua transformada em rio. Rimos muito juntos, e senti que, ali, consegui interromper o elo do medo de temporais que minha avó não conseguiu evitar passar para minha mãe.

Embora eu tivesse dimensão do perigo da chuva, fiz tudo o que pude para que esse potencial trauma se tornasse uma conexão memorável entre nós, o que também fez com que a chuva ganhasse novos sentidos para mim. Lembrei, então, do meu pai, que durante minha infância em Ouro Preto, quando enfrentávamos apagões frequentes, tinha sempre à mão uma vela e um livro da Cecília Meireles. Líamos trechos inteiros de *O romanceiro da Inconfidência*, vislumbrando a antiga Vila Rica do século XVIII em meio à penumbra nos adros das igrejas. Guardo com todo carinho essa memória do escuro que, graças a um gesto afetivo do meu pai, não se transformou em medo.

É que os significados que damos às coisas nascem do que sentimos em cada experiência, de como elaboramos esses eventos. Hoje, eu amo o escuro e amo quando chove.

É claro que essa história teria sido muito diferente se tivéssemos vivenciado uma tragédia ou perdas. Esse é apenas um exemplo de como as trajetórias são individuais e de como devemos respeitar cada vivência. A narrativa começa, inclusive, pela linguagem, pela forma como abordamos os eventos. Se uma "vítima de trauma" é chamada de "sobrevivente", por exemplo, sua narrativa ganha contornos de quem venceu um desafio, e não de quem sucumbiu a ele.

Respira, não pira

Até aqui, vimos que o medo pode causar diversos sintomas físicos, de taquicardia à paralisia momentânea. Vimos também que há exercícios capazes de amenizar alguns desses sintomas, e agora vamos falar de um deles: o **CONTROLE DA RESPIRAÇÃO**.

Diante de uma situação de medo, o ritmo do coração e dos pulmões se altera, fazendo com que mais sangue seja bombeado no corpo e, consequentemente, que mais oxigênio seja transportado para as células. Para obter mais oxigênio, é preciso respirar mais rápido. Essa simples mudança de padrão do organismo pode ter diversas consequências, como visão turva, formigamento dos membros e sensação de desconforto.

Mas, se no momento em que isso acontece nós conseguimos nos concentrar em respirar profunda e conscientemente, somos capazes de alcançar um estado de calma interior. À medida que inspiramos profundamente, prendendo o ar por alguns segundos e expirando de forma lenta, conseguimos condicionar o cérebro a mentalizar algo positivo, seja a imagem de uma pessoa amada, uma memória feliz ou um pensamento de gratidão. Alguns minutos depois, lá está nosso corpo voltando a funcionar como antes.

Aqui vai uma dica simples, mas que fará toda a diferença no seu cotidiano: programe seu celular para despertar três vezes ao dia e reserve alguns minutos para fazer ao menos um ciclo de respiração consciente e profunda pelo nariz. Em pouco tempo, você verá como esse exercício é capaz de diminuir os níveis de estresse no organismo e clarear os pensamentos.

O sistema do medo (que nos faz ruminar questões do passado) e o sistema da ansiedade (que nos faz ruminar questões do futuro) muitas vezes nos impedem de dormir. Quando colocamos a cabeça no travesseiro, é como se as pequenas tragédias do dia passassem feito um filme diante dos nossos olhos, sem direito à pipoca ou a momentos de relaxamento. Em casos assim, praticar a técnica de respiração prolongada logo antes de dormir, ou de provocar piscadas lentas, é capaz de ativar nosso sistema nervoso parassimpático e acalmar o corpo, permitindo que busquemos o vazio entre os pensamentos e nos conectemos apenas com o agora.

O **SISTEMA PARASSIMPÁTICO** está relacionado ao processo de descanso à medida que atua na diminuição da frequência cardíaca e no relaxamento muscular, restaurando o estado de repouso. O corpo reserva energia através da diminuição da frequência e da força de contração do coração e da redução da atividade metabólica. Nesse cenário, a atividade do trato gastrointestinal aumenta, fazendo com que nossos órgãos produzam mais secreções biliares e pancreáticas para facilitar a digestão dos alimentos. Os brônquios pulmonares diminuem de diâmetro pela menor demanda de oxigênio no estado de repouso. Já a visão é preparada para um alcance mais próximo através da contração pupilar.

Essa é a resposta necessária para um momento de descanso e alimentação ou até de lazer e recuperação. Dessa forma, nosso cérebro pode encontrar soluções mais facilmente e permitir que nossa melhor versão atue no momento presente. Essa versão é uma soma de:

- conhecimento (o que aprendo, o que estudo, o que sei);
- nosso projeto/propósito de vida (saber onde estou, para onde vou, quais são meus objetivos);
- força de vontade e vocação (capacidade de adiar as recompensas e vencer os próprios vícios cerebrais);
- autoconfiança.

A VOZ DO MEDO

Já vimos que o medo afeta a fonação e a prosódia, alterando a qualidade vocal e os padrões de proteção do organismo. Isso acontece porque a ativação do sistema nervoso simpático promove um estado de hipervigilância que se traduz na fala: a laringe se eleva, as cordas vocais se tensionam e a vibração da voz se torna instável. O resultado é uma transmissão vocal com frequência mais aguda, oscilante e de ritmo entrecortado. A respiração, deslocada para a região torácica superior, perde a sustentação diafragmática, produzindo falas curtas, de pouca projeção e com pausas abruptas. A ressonância tende a estagnar na glote, fazendo com que a voz soe sussurrada, abafada ou mesmo “presa”. Com a redução da salivação, aumenta-se o atrito vocal, gerando timbres mais secos e tensos.

A prosódia característica do medo é irregular, com tons ascendentes ao final das frases, ritmo acelerado ou hesitante e interrupções involuntárias na fluência. Em casos de pânico, o bloqueio da fonação pode se manifestar como mutismo, disartria ou gagueira temporários. Em cena, essa manifestação vocal é central para a construção de personagens em estado de vulnerabilidade.

Trabalhar a voz sem medo exige consciência de como o padrão de resistência e o tônus muscular interferem na vocalização. Técnicas como alongar a coluna cervical, praticar a respiração diafragmática controlada, beber água lentamente e treinar vocalizações descendentes são recursos fundamentais para desbloquear a emissão da voz e restituir o controle ao ator ou a qualquer pessoa cujo estado de fala esteja ameaçado.

O medo faz tudo parecer uma pergunta ou uma espera de aprovação.

SINTOMAS FÍSICOS COMUMENTE ASSOCIADOS AO MEDO

Respostas autônomas:

- taquicardia (o coração passa a bater mais rápido para bombear sangue e levar oxigênio aos músculos, deixando o corpo pronto para a ação);
- dilatação dos brônquios;
- dilatação das pupilas (a fim de permitir a entrada de luz, melhorando a visão para encontrar possíveis saídas);
- inibição da salivação, causando secura bucal;
- inibição de atividades gástricas, podendo causar vômito;

- aumento da produção de adrenalina, provocando a sensação de "impulso de viver";
- aumento da sudorese, parte do mecanismo de resfriamento do corpo, que se prepara para um possível esforço físico;
- relaxamento da bexiga, podendo ocorrer escape urinário;
- palidez ou ruborização (o fluxo sanguíneo pode ser redirecionado para os membros que serão mais utilizados na ação).

Padrões passíveis de reprodução:

- taquipneia ou respiração rápida pela boca, a fim de fornecer uma quantidade suficiente de oxigênio aos pulmões e músculos;
- tensão muscular causada pelo enrijecimento dos músculos, que se preparam para a ação física iminente.

Padrões faciais:

- narinas abertas para facilitar a passagem de oxigênio;
- músculos corrugadores da testa, dos olhos e da mandíbula colaborando para o aparelho sensorial enxergar melhor, respirar melhor e ouvir com mais amplitude.

Orientação espacial:

- passos para trás;
- mãos à frente, evitando possíveis aproximações e ataques ao rosto ou vísceras;
- peito para dentro, protegendo as vísceras;
- movimentos curtos e cuidadosos;
- obstrução das axilas e da virilha;
- voz baixa, irregular e insegura;
- deglutição de saliva, mesmo com a boca seca.

Sensações subjetivas:

- incapacidade, encurralamento, prisão, claustrofobia, aporia, cerco, bloqueio, apreensão, assédio, enclausuramento, fracasso, exclusão, esquecimento, abandono, engessamento, congelamento, horror, paralisia, vulnerabilidade, sobressalto, insegurança, opressão.

Sintomas de trauma:

- pânico, preocupação excessiva, inquietação, pensamentos intrusivos, falta ou excesso de apetite, irritabilidade, dificuldade em se concentrar, insônia, sensação de apreensão constante, ausência de contato visual, agonia, ansiedade, estresse, gagueira, isolamento, depressão.

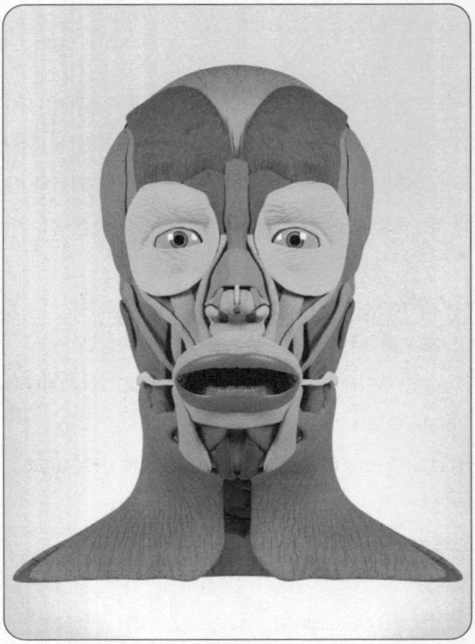

Protótipo anatômico da expressão do medo.

PONTOS POSITIVOS E NEGATIVOS DO MEDO

Positivos:

- garante nossa sobrevivência;
- ativa comportamentos de defesa;
- ajuda a evitar situações perigosas;
- aumenta a atenção e o foco em momentos críticos.

Negativos:

- aumenta a ansiedade e o estresse;
- gera fobias e transtornos psicológicos, como depressão e isolamento;
- pode levar à procrastinação.

TRISTEZAS

A tristeza é o que nos torna verdadeiros.
Tennessee Williams

Na história da humanidade, o período medieval foi como um freio de mão no carro que corria rumo à evolução da ciência, das artes e da cultura como um todo. A perseguição inflamada do cristianismo ao paganismo cerceou, torturou e matou milhares de pessoas, proibindo ou pondo fim a tudo que não pregasse a existência de um Deus único como centro do universo. O mesmo fogo que agregara a humanidade na pré-história, agora a ameaçava com as fogueiras da Inquisição. Alguns séculos mais tarde, o uso da pólvora em armas de fogo também mudaria os contornos da humanidade.

Com o teatro, espelho do tempo, a perseguição não foi diferente. Considerado uma arte menor e satirizante durante a Idade Média, sua prática foi proibida dentro das igrejas e relegada a espaços públicos. Sob o risco da perseguição, artistas populares passaram a evitar roteiros escritos, improvisando suas apresentações em feiras e praças. Tais mudanças justificam a falta de registros escritos da época e o fortalecimento dos chamados saltimbancos, artistas que viajavam de cidade em cidade para apresentar números cômicos, dos quais herdamos a simpatia pelo chamado “ator completo”, que canta, dança, cospe fogo, faz acrobacias, malabarismo e apresentações de ilusionismo. Foi também nessa época que surgiram a farsa, gênero teatral cômico que se baseia em estereótipos para ironizar acontecimentos e personagens do cotidiano, e a comédia bufa, que aborda temas políticos e sociais como um movimento crítico de resistência. A junção de obscenidade e farsa, conhecida como "comédia pastelão", também surge nesse período que bem soube misturar sagrado e profano.

Com o claustro e a penalização incentivados pela religião para diminuir o ser humano perante um deus ameaçador, restava o silêncio, a opressão e um sentimento de imensa tristeza em nossos ancestrais, em especial artistas e cientistas, proibidos de exercer seus talentos e seguir com seus estudos à luz da liberdade durante quase um milênio. Foram quarenta gerações inteiras aprendendo a evitar a ciência e a massacrar toda forma de arte que não fosse sacra. A tristeza é um sentimento complexo que pode se manifestar de várias formas, tanto emocionais quanto físicas. Apesar de geralmente ser vista de maneira negativa, trata-se de uma resposta adaptativa que desempenha papéis importantes em nossa vida. A tristeza pode expressar necessidades emocionais e físicas, um pedido de ajuda, uma forma de comunicar aos outros que algo está errado, um reflexo do processamento de perdas e mudanças. Ela pode, também, criar vínculos sociais através de empatia e compaixão, ou se revelar como uma necessidade subjetiva de recolhimento e contemplação, uma vez que a reflexão provocada pela tristeza é capaz de gerar *insights* sobre auto-orientação e valores.

Ai de mim

Os padrões de proteção associados a essa emoção variam de pessoa para pessoa, mas geralmente há algumas características comuns. A tristeza pode influenciar a respiração de várias maneiras, por exemplo, refletindo a conexão entre as emoções e o sistema nervoso. O padrão respiratório da tristeza caracteriza-se por inspirações curtas e irregulares, feitas pelo nariz, seguidas de expirações contínuas e fluidas, feitas pela boca. Apesar da expiração ser regular e fluida, é o movimento interrompido da inspiração que caracteriza este padrão, podendo aparecer na própria expiração ou até na pausa respiratória. Tais interrupções são produzidas pela musculatura do diafragma e dos intercostais, encarregados pela nossa respiração.

Quando acometido pela tristeza, o indivíduo geralmente apresenta uma postura descontraída, com os músculos antigravitacionais – aqueles que dão suporte ao corpo contra a gravidade – tendendo ao relaxamento, especialmente durante as inspirações curtas e irregulares, o que leva o corpo a flexionar-se sobre si próprio. A face adota uma expressão particular, na qual a boca desenha um "sorriso invertido", ou seja, com as bordas dos lábios pendendo para baixo. Os olhos podem se fechar ou semifechar, neste último caso apontando para o chão, e a musculatura da testa é contraída, levantando o ponto de junção das sobrancelhas, que se franzem. Cria-se, assim, a conhecida máscara da tragédia.

Eu não consigo chorar

Já perdi a conta de quantos atores me procuraram porque não conseguiam chorar em cena, ou porque a simples possibilidade de demonstrar tristeza ao interpretar uma personagem os paralisasse. Posso comentar ambos os casos a partir das minhas experiências como atriz e como preparadora de elenco que já lidou com inúmeras cenas nesses contextos.

Como atriz, sei do hiato que existe entre preparar uma cena de emoção e o que realmente conseguimos fazer no dia da gravação. É que, na hora H, tudo pode atrapalhar o ator: o barulho no estúdio, a movimentação das equipes de filmagem, maquiagem e figurino, as intervenções do diretor e do continuista, os atrasos na gravação. Em uma novela que trabalhei, por exemplo, precisei chorar compulsivamente da primeira à última cena. Era uma história triste de uma mãe que perdia os filhos em um acidente. As rubricas no texto apontavam o tempo todo "Fulana chora sem parar", e a diretora, ao marcar as cenas, já vinha dizendo "Aqui, faremos o de sempre: você chora, chora e chora mais".

Em outra ocasião, participei de uma série ambientada em um hospital, e em determinada cena a personagem do meu marido dava entrada como vítima de um acidente grave. Nessa série, tudo era filmado com uma única câmera, então gravávamos o meu lado, depois o lado do outro ator, e no fim repetíamos tudo para a filmagem geral. Devo ter feito cada cena de choro umas vinte vezes. Era exaustivo. Há atores que vão melhorando depois de algumas repetições, mas isso é raro. Normalmente, em cenas de tristeza ou explosão de sentimentos, os melhores *takes* são os primeiros.

Devo apontar que, em uma situação real, quem chora costuma **EVITAR SER NOTADO**. O ato de se vulnerabilizar diante de alguém é, na cultura ocidental, quase sempre visto como sinal de fraqueza. Somos habituados a esconder o choro na sociedade do "vai dar tudo certo" e "não precisa chorar". Não à toa, as personagens que costumam ter mais tempo de choro em tela são as que desempenham papéis de vítima – algo que, na vida, somos ensinados a evitar. Então, é sempre mais verossímil tentar esconder as lágrimas do que mostrá-las.

Por outro lado, entregar fisicalidade para convencer o espectador é parte indispensável do trabalho do ator, então como atingir esse estado de tristeza de um jeito menos penoso? Foi a partir desse questionamento que comecei a pesquisar e a descobrir técnicas eficazes para mim e para outros atores. Ao longo da minha experiência, concluí que há algumas maneiras de encontrarmos uma emoção: pela evocação de elementos da própria vida, pela repetição de padrões respiratórios e físicos e pela imaginação/memória.

Antes de me aprofundar no tema da memória, preciso dizer que utilizá-la como ferramenta de acesso às emoções é uma estratégia importante não apenas para atores, mas para todos enquanto indivíduos. Ao evocar lembranças, somos capazes de identificar nossos pontos sensíveis e traumas, assim como nossos pontos fortes e talentos, trabalhando o autoconhecimento para lidar com diferentes situações e desafios ao longo da vida.

Nesse sentido, outro ponto bastante particular é que a essência desta emoção está no *frame* de algum detalhe. Já vimos que nossa memória edita e recria as experiências reais; nossas lembranças não são um fac-símile do que ocorreu, e sim cenas filtradas e moldadas a partir de nossas crenças e experiências passadas. Normalmente, a recordação de uma cena marcante é algo bem subjetivo. Pensando nisso, o exercício que proponho para evocar a tristeza é lembrar-se de um momento em que essa emoção o marcou. Tente recriar a cena e ver, sentir e ouvir tudo o que conseguir. Haverá algo que o emocionará em particular. Uma vez encontrada a imagem-chave, não a revele. Mas atenção: essa imagem-chave deve suscitar emoção sempre que for acessada. Caso seja difícil encontrá-la pela memória, pode ser uma projeção, a chamada "cena temida", algo que represente o seu maior medo ou aquilo que você vive evitando. Só de pensar na minha cena temida, por exemplo, meus olhos se enchem de lágrimas, ainda que não se trate de uma vivência concreta, mas de uma projeção da minha própria mente. Falar sobre essa emoção em voz alta, ainda que consigo mesmo, também pode ser muito eficaz para extravasar a emoção e promover a cura.

O momento mais lindo na construção de uma personagem é quando esta adquire subjetividade. A subjetividade é a vida própria da personagem – o que ela pensa, suas telas mentais, suas saudades e dores, seus sonhos não conquistados, quem ela é por si só. Gosto muito de construir personagens com esses elementos ocultos que o público talvez nunca chegue a conhecer em profundidade, mas que dão contornos reais aos monólogos internos daquela persona a ponto de emocionar quem assiste.

Em uma série de *true crime* que trabalhei como preparadora de elenco, a personagem de uma das vítimas aparecia muito brevemente antes de ser morta. Para desenvolver sua personalidade em tão pouco tempo de tela, propus que a atriz trabalhasse com cartas. A ideia era que ela, incorporando a personagem, escrevesse cartas à família no interior contando de sua experiência na cidade grande, do seu sonho de melhorar de vida e conseguir levá-los para morar com ela. Foi emocionante quando essa atriz entrou em cena porque, mesmo em uma aparição breve, ela se destacou ao mostrar que estava preenchida por suas razões interiores, a ponto de seu monólogo interno ser quase audível a quem assiste.

Vale dizer que não atores também podem encontrar seus sons internos. Uma estratégia muito eficiente para isso, que sempre indico aos meus *coachees*, é criar uma *playlist* que o emocione. Você vai se impressionar ao perceber que a música certa tocada nos fones de ouvido pode evocar sentidos emocionais profundos, ajudando-o a descobrir o que o sensibiliza, o que o fortalece, o que evoca lembranças e o que traz perspectivas de futuro.

Em outro trabalho que realizei, preparei uma atriz que interpretou a protagonista de uma novela muito popular. Ela tinha dificuldade em expressar tristeza e raiva, especificamente. Durante nossas conversas, que vez ou outra passavam por assuntos pessoais, ela contou que seu ex-marido a havia traumatizado. Vendo que a lembrança do ex ainda provocava emoções fortes nessa atriz, eu a aconselhei a se imaginar direcionando a ele todos os sentimentos evocados no texto, canalizando sua revolta pessoal pela boca da personagem. Ela topou o exercício e, a partir daí, a cada vez que falava o texto, suas expressões mudavam, sua respiração acelerava, sua face ruborizava. Ela nunca havia conseguido falar nada daquilo para ele, mas só o ato de imaginar que ele pudesse assisti-la declamando seu texto como se o estivesse humilhando publicamente desencadeou nela um processo de acesso verdadeiro às suas emoções mais profundas. Foi lindo vê-la chorando, substituindo as dores da personagem pelas suas próprias e se curando de tantas mágoas guardadas. Esse exercício a ajudou a se tratar de um trauma profundo, e essa personagem lhe rendeu diversos prêmios e muita popularidade, além de um contrato longo com a emissora.

Outra maneira de conquistar uma emoção de forma verdadeira é por meio da repetição de padrões físicos e respiratórios. Ao buscar a fisicalidade da emoção, somos de fato arremessados nela. Trago um exemplo para ilustrar: certa vez contracenei com uma atriz que, antes de cenas de choro, praticava à exaustão a movimentação diafragmática e os sons da tristeza, como se de fato estivesse vivenciando aquela emoção. Ela mantinha esses padrões físicos e respiratórios durante os ensaios, e era impressionante como, no momento em que o diretor gritava "ação", ela já estava aos prantos.

A busca pela corporificação da tristeza é algo potente. Em um trabalho de preparação de elenco mais recente, acompanhei uma atriz cuja personagem guardava raivas e arroubos. Ao longo dos ensaios, a atriz começou a ficar enrijecida e a sentir a cervical travada. Sugeri uma massagem nos ombros e orientei que ela puxasse o próprio cabelo a fim de soltar o couro cabeludo. Propus, também, que ela provocasse o choro após as filmagens, quando estivesse em um ambiente emocionalmente seguro. Desaguar águas contidas é uma forma eficaz de soltar as represas emocionais.

A repetição dos padrões mencionados neste capítulo ajudará você a identificar seus pontos sensíveis para entendê-los e trabalhá-los. Os caminhos que levam à tristeza podem variar de pessoa para pessoa, e é preciso experimentar diferentes estratégias para identificá-los e aprender a caminhar por eles. Tudo dependerá do seu temperamento e do seu momento de vida.

Tudo no *flow*

No teatro, quando uma peça entra em cartaz, os atores precisam provocar as mesmas emocionalidades em cada apresentação. Para ajudá-los nesse trabalho, condicionar um gatilho físico a fim de evocar determinados sentimentos pode ser uma estratégia bastante útil. Em seu livro *Um ator errante*, o ator e diretor japonês Yoshi Oida conta como conseguiu condicionar seu cérebro a descarregar uma mesma emoção a partir de um gesto do calcanhar: toda vez que ele dava o quinto passo e seu calcanhar direito tocava o palco, o gatilho era acionado e ele expressava o sentimento desejado. Ao contrário da técnica de evocar elementos da própria vida para trazer uma emoção à tona, o gesto do calcanhar foi escolhido por ser um gatilho inofensivo, incapaz de suscitar emoções incontroláveis no ator ou permitir que ele fosse atravessado pelos acontecimentos do seu entorno. Afinal, diferentemente da televisão e do cinema, o teatro é a arte da presença com o momento vivo.

Embora o ofício do ator seja considerado uma arte criativa, passamos a maior parte do tempo repetindo cenas até criar novas camadas de significados internos e fisicalidades. Na prática, essa repetição é o maior exercício de investigação que o ator pode fazer, já que no palco ele estará ocupado com três pontos principais: os aspectos em seu **INTERIOR** que o levam a fazer algo diferente em cena, apesar do que foi repetido nos ensaios; a **REAÇÃO DA PLATEIA**, que transforma sua emoção em algo tangível de ser observado; e a **INTERAÇÃO** com seus parceiros de cena, que também trazem novidades e transformações no palco e nos bastidores. Por conta dessa atenção excessiva, pode acontecer de o ator entrar em uma espécie de transe no momento da apresentação, resultando em uma alteração emocional que leva o indivíduo a se conscientizar do todo. Tais momentos de transe e ampla compreensão, que envolvem o encaixe da memória procedural, do estado de hipnose e da presença ativa no instante, são chamados de "estado de *flow*".

Esta é uma das teorias de aplicação imediata de que mais gosto. Csikszentmihalyi, que é considerado o precursor da psicologia positiva, pesquisou por mais de vinte anos sobre o estado de concentração total e satisfação profunda. Seus estudos revelaram que o que torna uma experiência genuinamente agradável é o *flow*, ou fluxo, um momento de completa concentração em que estamos tão absortos numa atividade que conseguimos alcançar um estado ideal de felicidade.

O livro de Csikszentmihalyi tornou-se especialmente importante por trazer um gráfico que permite ao indivíduo mensurar seu estado emocional. Segundo o autor, o gráfico calcula o nível dos desafios em contraposição ao nível de habilidades. Por exemplo: quanto mais habilidades e menos desafios, maior o tédio, e quanto mais desafios e menos habilidades, maior o nível de ansiedade e pânico. O *flow* é alcançado, portanto, em um estado de constante desafio e constante progresso. Ele mensura a sensação de êxtase para torná-la executável.

Ao longo da minha carreira como preparadora de elenco e coordenadora de intimidade, trabalhei com muitos atores fantásticos que aproveitavam muito pouco seu potencial dramático por acharem que o nível de suas habilidades era menor que o nível de seus desafios. Se o mesmo acontece com você, recomendo que use esse gráfico para entender a relação entre suas potencialidades e as dificuldades que enfrenta nos diversos âmbitos da vida.

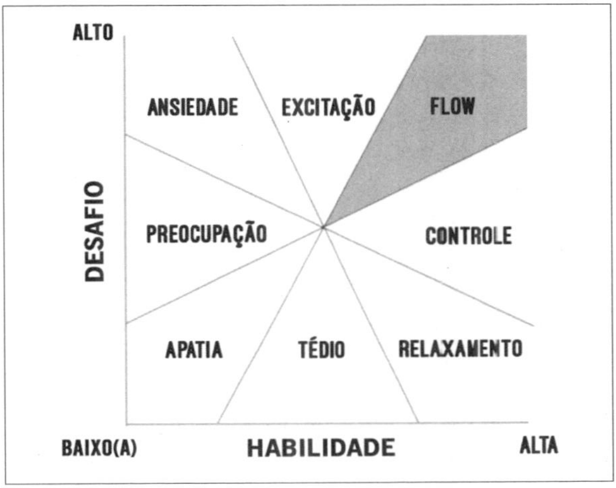

Fonte: adaptado de Csikszentmihalyi, 2020.

E, por falar em êxtase, a palavra vem do grego *ékstasis*, que significa deslocamento, movimento para fora. No exercício do *flow*, tem a ver com a busca daquele momento em que a mente do indivíduo "se separa" do corpo para unir-se a uma realidade maior, promovendo, nesse processo, a anulação total dos pensamentos. Nesse estado meditativo, mergulhamos numa realidade alternativa, ou ampliada.

Nosso cérebro tem a capacidade limitada de processamento de informação de 110 bits por segundo.[21] Para ler estas linhas, por exemplo, o cérebro consome 60 bits por segundo. Se, além da leitura, o leitor estiver ouvindo música e se alimentando ao mesmo tempo, certamente não dedicará atenção absoluta ao que está escrito e, ao final, terá que voltar a página, na certeza de que não capturou a informação. No estado de *flow*, usamos toda a nossa atenção em determinada atividade, nos tornando o objeto ou a prática ao qual nos dedicamos.

---

21 KAHNEMAN, Daniel. *Rápido e devagar: duas formas de pensar*. São Paulo: Objetiva, 2012.

Normalmente, o que nos eleva a esse estado são as atividades que praticamos sem perceber o tempo passar, numa equação que envolve: o que sabemos fazer + o que gostamos de fazer + o que nos sentimos recompensados em fazer.

Como a própria palavra "*flow*" sugere, tudo deve fluir nesse estado, como um rio que encontra o oceano.

Dor e prazer

É importante lembrar que dor e prazer acionam os mesmos mecanismos cerebrais. Explico: durante a evolução, o cérebro "economizou espaço" criando rotas neurais que servem para diversas funções. Assim, em vez de construir um caminho separado para cada emoção, ele usou estruturas como a ínsula, o córtex cingulado e o sistema límbico para interpretar a intensidade emocional. Nesse sistema, não importa se a emoção é doce ou amarga; o que vale é a potência.

Tanto o prazer quanto a dor são mensagens de urgência. Se algo nos dá prazer – como afeto, acolhimento, alimentação, orgasmo –, é sinal de que isso é benéfico e precisa ser buscado. Se algo nos causa dor – física ou emocional –, é sinal de que pode haver uma ameaça iminente e que é preciso fugir ou reagir.

O caminho percorrido por essas sensações é o mesmo porque o aviso que elas dão ao cérebro é o mesmo: "Isso importa para mim". A dopamina, que atua no chamado sistema de recompensa do cérebro, não existe para nos fazer felizes, mas para nos manter motivados. Se você sente prazer, a dopamina o motiva a buscar o que causou essa sensação. Se sente dor, o processo é o mesmo, porque o cérebro quer registrar esse evento como algo impactante, que deve ser lembrado e processado.

A tristeza cava o chão e prepara o terreno. Se houver permissão, aceitação, conexão e vínculo, a alegria pode nascer.

A VOZ DA TRISTEZA

Quando a tristeza toma o corpo, a voz também se transforma. O sistema respiratório desacelera, as inspirações se tornam curtas e entrecortadas, a expiração se alonga como um suspiro contido. A musculatura laríngea, menos ativa, deixa a voz mais aguda, frágil, às vezes trêmula. Há uma tendência ao abafamento sonoro: fala-se mais baixo, com pouca projeção e frequência reduzida de modulação. A articulação das palavras se suaviza, como se o som também estivesse de luto. A saliva se acumula na boca, o ar hesita em sair e, por vezes, a fala embarga. Até o olhar para baixo se reflete na sonoridade: as palavras parecem cair com o peso do que não foi dito. Como consequência, a prosódia se torna descendente, como se cada frase terminasse suspensa no vazio.

Em cena, essa qualidade vocal exige cuidado: o ator precisa conter a voz, mas sem bloqueá-la, ao mesmo tempo que vibra sem força e deixa o ar carregar o que a lágrima não verte.

A voz da tristeza nos obriga a respirar devagar e a ouvir com o corpo inteiro.

SINTOMAS FÍSICOS COMUMENTE ASSOCIADOS À TRISTEZA

Respostas autônomas:

- olhos inchados e vermelhos, muitas vezes causados pelo choro;

- lábios e nariz inchados, efeito da dilatação nasal e da coriza;
- excesso de salivação;
- relaxamento da bexiga, podendo ocorrer vazamento urinário;
- falta de foco nos cinco sentidos;
- palidez ou ruborização (fluxo sanguíneo pode ser redirecionado para os membros que serão mais utilizados na ação).

Padrões passíveis de reprodução:

- dificuldade para respirar ou sensação de peso no peito;
- respiração superficial, com inspirações curtas e rápidas;
- suspiros frequentes (resposta à respiração superficial com inspirações profundas e involuntárias, refletindo uma tentativa do corpo de obter mais oxigênio);
- retenção de ar (a respiração é pausada por breves momentos, com o objetivo de conter as emoções);
- respiração abafada (diferentemente da raiva ou do medo, que provocam picos de excitação, a tristeza pode vir numa explosão ou como um estado de ânimo prolongado);
- voz baixa e mais aguda;
- lamentação e repetição de palavras;
- movimentos lentos e arrastados;
- olhos voltados para baixo;
- ombros caídos ou sensação de peso nos ombros;
- movimentos contidos;
- posição fetal ou de contenção;
- braços escondidos entre as pernas.

Padrões faciais:

- testa franzida, expressando falta de entendimento ou aflição;
- lábios projetados para baixo;
- bochechas tensionadas para o alto;
- olhos lacrimejantes ou produção involuntária de lágrimas;
- esquivamento de contato visual;
- voz embargada (resultado da disputa entre ar, saliva e coriza no sistema respiratório);
- impulso de morder os lábios;
- expressão de abatimento.

Orientação espacial:

- olhar fixo no horizonte;
- movimentos ora tensos, ora relaxados;
- mente vagante (falta de objetividade).

Sensações subjetivas:

- desânimo, abatimento, desesperança, sensação de peso, esmorecimento, prostração, amargura, dor, soturnidade, desamparo, falta de energia, dissabor, melancolia, mortificação, desejo de desaparecer, ruminação de imagens causadoras da dor, ideação de morte.

Sintomas de traumas:

- depressão, constrangimento, inchaço no rosto, dor generalizada, tontura, cólica, falta de ar, enjoo, dor de cabeça, redução da capacidade de resolver problemas, movimentos lentos e sem tônus, ruminação de pensamentos passados.

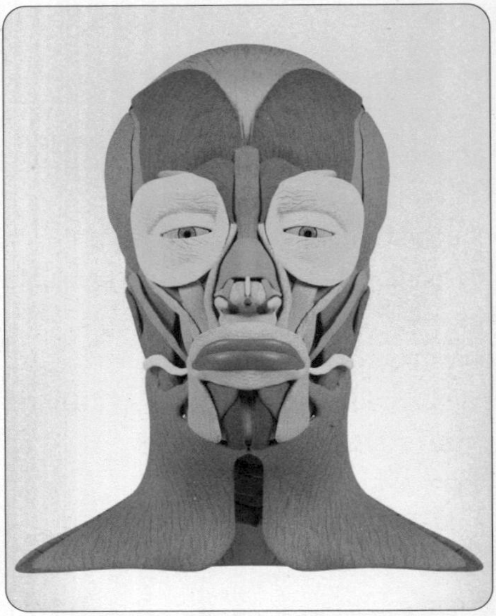

Protótipo anatômico da expressão da tristeza.

PONTOS POSITIVOS E NEGATIVOS DA TRISTEZA

Positivos:

- estímulo da reflexão e do autoconhecimento;
- incentivo à empatia e à conexão;
- gancho para provocar mudanças e autodesenvolvimento;
- choro como um *detox* contra o cansaço e um calmante natural.

Negativos:

- possível isolamento e depressão crônica;
- redução da motivação, da energia e da secreção de hormônios reguladores do humor.

ALEGRIAS

O objetivo mais alto do artista consiste em exprimir, na fisionomia e nos movimentos do corpo, as paixões da alma.
Leonardo da Vinci

Se a tristeza marcou o período medieval como uma sombra que turva as cores da criatividade, a alegria foi a emoção que, entre os séculos XIV e XV, devolveu ao corpo e à arte a potência da vida, o "nascer de novo" como a expressão máxima do florescimento humano. Apesar das atrocidades expansionistas cometidas pela Roma militarizada, pode-se dizer que houve um grande triunfo dos fenômenos artístico e científico que despontaram na Itália nesse período. Paralelamente, com a disseminação do latim na Europa, a promessa de um novo tempo se anunciava na região. Era o início do Renascimento, movimento que influenciaria a Europa e, posteriormente, como consequência da colonização, todo o mundo ocidental.

O surgimento do movimento renascentista foi marcado pela queda de Constantinopla, ponto mais oriental sob o domínio católico. Com a vitória dos otomanos sobre os bizantinos, foi estabelecido um bloqueio marítimo na cidade que mudou as rotas marítimas conhecidas até então: o caminho para o Oriente, antes feito pela região do Golfo Pérsico, tornou-se inviável, fator que impulsionou as Grandes Navegações e permitiu que novos mares fossem vislumbrados.

Mas nem tudo era alumbramento. Galileu Galilei, astrônomo visionário que viveu nessa transição entre tempos, quase foi queimado na fogueira por afirmar que era a Terra que girava em torno do Sol, e não o contrário. As iluminuras no pensamento filosófico e científico e a suavização da dogmatização religiosa contrastavam com os muitos exemplos de tirania política, revoltas populares, guerras, fome, pobreza e epidemias. Era a época da substituição do feudalismo pelo capitalismo, com muitos novos interesses emergindo e muitas vidas sendo ceifadas para viabilizar tais interesses.

Com a expansão marítima, naus e caravelas de exploradores e mercenários diminuíram as distâncias do planeta em busca de especiarias, metais preciosos, mão de obra, novos territórios e poder. O processo de colonização das Américas e da África pela Europa foi palco de horrores que marcaram o mundo contemporâneo, como a dominação dos povos originários, a exacerbação do eurocentrismo e o surgimento dos principais desafios que enfrentamos hoje enquanto sociedade. Ao mesmo tempo, foi uma época em que viveram grandes pensadores.

A ciência jogou holofotes sobre a natureza e fez dela a protagonista do mundo, dissecando-a e, posteriormente, destruindo-a ao transformá-la em recursos. As leis da física postuladas por Isaac Newton transformaram o pensamento, o olhar, o contexto e a cosmovisão do mundo ocidental para sempre. A geologia criou seus primeiros tratados e a arqueologia reiterou a importância da preservação de culturas ao realizar importantes escavações. No pensamento humano, René Descartes e Bento de Espinosa, ambos buscando compreender a consciência, questionavam se mente e corpo eram fusão ou dualidade, o que é o corpo, o que é a felicidade. As luzes da Grécia Antiga retornavam aos poucos, recusando Deus como centro do universo. Agora, o ser humano voltava a ser a medida, o objeto principal e o ponto de vista de todas as coisas. Iniciava-se a era do Antropocentrismo.

Nessa época, o estudo sobre o corpo humano deu saltos gigantes. Os conhecimentos de anatomia tiveram grande evolução quando, em 1543, Andreas Vesalius publicou seu *De Humani Corporis Fabrica* [Da organização do corpo humano], um atlas que dividia o corpo em sistemas. Tais avanços preconizaram a teoria de que o cérebro e o sistema nervoso eram responsáveis pela mente e pelas emoções, em contraste com a crença aristotélica de que o coração era o centro do corpo.

O ser humano estudado por dentro, analisado por novos ângulos, alterou também a perspectiva das artes. Surgiu a Comedia Dell'arte, uma vertente popular do teatro, com textos improvisados dentro de arquétipos corporais como Arlequim, Pierrot, Colombina, Polichinelo, Pantaleão e Briguela, personagens que haviam sido marcantes nas comédias satíricas renascentistas. O corpo do ator se transforma em uma grande máscara. Na Inglaterra, para a sorte da humanidade, a longeva Rainha Elizabeth I, que apreciava os espetáculos populares, encomendou de conterrâneos dramaturgos histórias de heróis ingleses que reforçassem o sentimento de nacionalismo vigente. Um desses dramaturgos era ninguém menos que o gênio William Shakespeare. Esse estilo tem grande influência sobre teóricos e diretores importantes, como Vsevolod Meyerhold, Antonin Artaud, Ariane Mnouchkine e Peter Brook.

Em Portugal, despontavam Gil Vicente e Camões; na Espanha, Calderón de La Barca, Lope de Vega e Miguel de Cervantes; na Itália, Maquiavel e Dante Alighieri; na África Ocidental, mitos e lendas eram cada vez mais compartilhados através dos *griots*, contadores de histórias, poetas, músicos e guardiões da memória oral. O teatro era um fenômeno incontestável que buscava, agora, dar à arte da atuação os mesmos filtros estéticos e racionais que marcaram o período, como linearidade, disciplina, unidade de tempo, espaço e ação. Houve também um distanciamento maior do público: os palcos aumentaram de tamanho, e a técnica do bastão de Molière, que marca os três sinais de pedido de atenção e silêncio, avisando que a peça vai começar ou que haverá um intervalo, é usada até hoje na maioria dos espetáculos.

Com a chegada do capitalismo, intensificou-se a diferença de classes e o apartamento das mulheres dos postos de poder e de funções sociais diversas. A recém-formada burguesia passou a ocupar o topo da hierarquia e a ansiar por uma representação no teatro. Os dramas individuais surgiam em grandes personagens-título, preparando o terreno para o surgimento do Romantismo ao dar destaque a emoções como medo, raiva, tristeza e alegria. A alegria, aliás, tornou-se um graal a ser conquistado, em contraste à busca religiosa, tão enaltecida na Idade Média.

Chorando de rir

A alegria é uma emoção vivaz, muitas vezes associada a sentimentos de enlevo, pertencimento, contentamento e satisfação. É uma das nossas emoções fundamentais, responsável por desempenhar um importante papel na criação de vínculos, de senso de comunidade e da sensação de transcendência.

A expressão facial da alegria é uma das mais evidentes, permitindo que a identifiquemos com facilidade. Ao contrário da tristeza, a respiração no estado de alegria é caracterizada por inspirações profundas e abruptas, feitas pelo nariz, seguidas de expirações curtas e pausadas, feitas pela boca, com o apoio da musculatura abdominal. Tais expirações também podem aparecer durante a pausa respiratória que antecede a inspiração.

Assim como na tristeza, a postura da alegria é relaxada e confortável, com tendência a diminuir o tônus muscular, principalmente nos grupos musculares antigravitacionais, nos braços e nas pernas, enquanto a cabeça pode se inclinar sutilmente para trás. Como consequência da diminuição do tônus das extremidades, os sujeitos tendem a sentar-se ou a cair no chão durante os momentos de risada, como inclusive já aconteceu comigo.

Curiosamente, os padrões faciais da alegria são os mais próximos da tristeza (lembra que os circuitos neurais de dor e prazer são os mesmos?). Para reproduzi-los, a boca se mantém aberta, e a contração dos músculos canino e zigomático maior produz um sorriso que permite ver os dentes superiores. As pálpebras são relaxadas e os olhos, semifechados. Uma vez acessada a emoção, o padrão pode ser esquecido, deixando a sensação emocional dar conta de sua expressividade espontânea.

A alegria pode se diferenciar ainda pelo maravilhamento, que é o estado de encantamento, admiração ou surpresa diante de algo extraordinário. Tal sensação de transcendência pode ser despertada por uma obra de arte, uma experiência em meio à natureza, um sentimento de admiração profunda, uma sensação de enlevo religioso, um estado de transe de quem se vê no *flow* (típico de corredores de maratona ou de atores durante o trabalho em cena, como vimos), entre outras situações. O **MARAVILHAMENTO** está ligado à capacidade de se impressionar com o mundo e pode e deve ser cultivado ao longo da vida para manter a mente aberta e sensível às belezas da existência humana.

Há, também, aquilo capaz de provocar emoções reais sem que haja uma necessidade direta de causa e efeito externos. São exemplos desses atalhos a respiração, a memória, a imaginação, a projeção, a meditação, as experiências lisérgicas, a contemplação da natureza, a arte e a fé. Em suma, os atalhos emocionais mostram que não precisamos de gatilhos externos óbvios para evocar sentimentos profundos. Seja modulando a respiração, evocando memórias, mergulhando em imagens mentais, praticando a contemplação, recorrendo a símbolos artísticos ou a rituais, acessamos diretamente os circuitos límbicos e corticais que moldam nossas emoções.

Sorrindo com rugas

O poder do sorriso é tópico recorrente, também, nos contextos de sedução e dominação, com implicações diretas no efeito de persuasão de uma pessoa. O ato de sorrir pode ser influenciado por diversos fatores, incluindo gênero, idade e cultura. Em 2017, um estudo intitulado "A Large-Scale Analysis of Sex Differences in Facial Expressions" [Uma análise em larga escala das diferenças sexuais nas expressões faciais], realizado por psicólogos e pesquisadores de dados com base em experimentos com mais de 2 mil pessoas, revelou que as mulheres não só sorriem mais, com maior intensidade e frequência do que os homens, mas também são mais expressivas no geral. Basicamente, existem três tipos de sorriso: o superior, o aberto e o fechado. As mulheres tendem a empregar mais o sorriso aberto, considerado mais acolhedor, enquanto os homens, principalmente os mais velhos, tendem ao sorriso fechado, considerado mais contido e sedutor.

Há, ainda, o chamado "sorriso de Duchenne", expressão usada para descrever um tipo específico de sorriso considerado genuíno e sincero. O nome é uma homenagem ao médico e fotógrafo Duchenne de Boulogne, que, em busca de fornecer aos artistas plásticos da Escola de Belas Artes de Paris uma espécie de primeiro tratado sobre expressões faciais humanas, utilizou eletroestimulação para ativar os grupos musculares faciais responsáveis pela mímica do sorriso e comparou a feição produzida em seu experimento com a feição de um sorriso espontâneo. Os resultados revelaram expressões bastante diferentes, e o sorriso espontâneo, apelidado de "sorriso de Duchenne", caracteriza-se por dois elementos principais: o surgimento de rugas ao redor dos olhos, comumente conhecidas como "pés de galinha", e a contração do músculo zigomático maior, que eleva os cantos da boca.

Alegria é mania

Acredito que, por minha paixão declarada em estudar fisicalidade emocional, sou constantemente chamada para trabalhos que exigem muita caracterização dos atores. Foi o que aconteceu quando fui convocada a preparar o elenco de um *true crime* brasileiro. Desde o início, percebi muita intensidade nas interações entre os atores, além de muito respeito pelas personagens, como deve ser em adaptações de histórias de vítimas fatais reais. Ao fim de cada ensaio, abríamos um círculo com todo o elenco, os que interpretavam as vítimas e os que interpretavam os criminosos. Eu então pedia a cada um que tomasse água e jogasse um pouco no rosto e nuca, a fim de ativar o **NERVO VAGO**. Esse nervo, também chamado de pneumogástrico, faz parte do sistema nervoso autônomo, que controla funções corporais involuntárias, e é um dos muitos nervos responsáveis por transmitir mensagens entre o cérebro e outras partes do corpo, como o coração e o sistema digestivo. Em seguida, eu colocava uma música bem alta e alegre para estimular o **SISTEMA NERVOSO CENTRAL** a partir do sentido da audição, e pedia a todo mundo que dançasse e pulasse. Depois, realizei com eles um dos exercícios da experiência somática, no qual todos devem se debater com o corpo no chão, soltando bem a voz, até suarem e liberarem adrenalina.

Todos esses exercícios faziam parte da nossa rotina pós-ensaios e, no geral, as reações de cada um não variavam muito. Até que, na madrugada em que filmamos a cena do crime, o ator que interpretava o assassino foi tomado por um choro compulsivo e involuntário. Percebi que ele tentava parar de chorar, mas não conseguia. Algum sistema visceral ocupava seu corpo e ele já não raciocinava mais. Em vez de conversar com ele, o que exigiria muito de sua energia, eu o levei para um gramado que estava molhado de garoa e fui conduzindo alguns exercícios da prática somática. Se eu o guiasse às emoções erradas, poderia desencadear algo sério, como uma crise de pânico ou ansiedade.

Estimular afeto/ternura ou tristeza não o ajudariam naquele momento. Raiva também não, porque a cena já havia sido explosiva. Nojo ou desprezo tampouco serviriam. Era preciso recorrer à alegria intensa.

Começamos forçando gargalhadas. Foi muito difícil no início, porque a naturalidade do riso não vinha de jeito nenhum para mim, preocupada em tirar o ator daquele estado de transe, nem para ele, absorvido em suas crenças e projeções pessoais. Até que, depois de um tempo, começamos a rir daquela situação. Ríamos um do outro e de nós mesmos. Gargalhávamos. Pronto, estava feito o *detox* emocional. Se não tivéssemos nos forçado a isso, aquela adrenalina descarregada pelas cenas de violência poderia se acumular em algum ponto do organismo do ator, com risco de gerar confusões mentais e inflamações.

Enquanto depressão e ansiedade são transtornos de ruminação de pensamentos negativos, nesse dia tive a prova de que a alegria também pode se tornar um hábito sináptico. O sistema dopaminérgico pode ser acionado por meio de exercícios físicos, música ou lembranças de sucesso pessoal, e a recomposição de momentos de reconhecimento, valorização e poder de um indivíduo pode mudar o trânsito dos impulsos elétricos do organismo, alterando seu estado de humor e bem-estar.

A alegria de encontrar uma personagem

Há quem pense que o processo de indução à hipnose é feito por um mágico que conduz a mente de alguém semiacordado com uma espécie de feitiço místico. Na verdade, a hipnose é, de acordo com Elkins *et al.* (2014), "um estado alterado da consciência humana que envolve atenção focada, percepção periférica reduzida, relaxamento físico e mental, caracterizada por uma maior capacidade de resposta à sugestão". Trata-se, portanto, de um estado de consciência natural que experimentamos diariamente, toda vez que nos concentramos em algo. Podemos entrar em estado de hipnose enquanto dirigimos o carro, lavamos a louça, assistimos a um filme ou escutamos alguém interessante falar.

Já vimos que atores podem experimentar um estado de transe quando estão em cena ou exercitando a imaginação. Acredito que a atuação e a hipnose têm muito em comum e que existem muitos níveis de transe, alguns mais leves, outros mais profundos. A hipnose que experimentamos na vida diária se enquadra em um estado leve, enquanto casos que envolvem paralisia do corpo, como se estivéssemos dormindo, mas ainda conscientes, se enquadram em um estado profundo. Ambos os estados podem ser alcançados naturalmente a partir do relaxamento, seja antes de dormir, ao acordar ou por meio de práticas externas, como a ioga. Como numa meditação guiada, a frequência cerebral é reduzida, deixando a mente em um estado de consciência ampliada, também chamada de mente criativa, livre de censuras e barreiras limitantes.

Em meus trabalhos como *life coach*, quando identifico um perfil que pode se beneficiar da prática do transe, costumo indicar a hipnose ericksoniana, desenvolvida pelo psiquiatra estadunidense Milton Hyland Erickson. Diferentemente da hipnose clássica, impessoal e impositiva, cujo objetivo é fazer com que a mente atenda aos comandos impostos pelo hipnoterapeuta, a hipnose ericksoniana se adapta à individualidade do paciente, respeitando seus valores e suas crenças por meio de uma linguagem acolhedora. Essa abordagem provoca menos resistência do cérebro, fazendo com que o indivíduo consiga acessar o subconsciente e entendê-lo a partir das induções do hipnoterapeuta. Vale lembrar que a relação de confiança entre o profissional e a pessoa em tratamento é de fundamental importância para que os objetivos sejam alcançados, já que às vezes é preciso acessar memórias traumáticas ou assustadoras, difíceis de atravessar sem apoio especializado.

Certa vez, colaborei com um ator que apresentava muitas dúvidas acerca da construção de sua personagem, pois, segundo o diretor, ela deveria se assemelhar a um cavalo. Propus a indução ao transe como um exercício criativo, o que o ator topou. Eu então o coloquei ludicamente diante do cavalo, narrando situações e descrevendo paisagens para que ele conseguisse visualizar o máximo possível daquela realidade. Quando voltou da hipnose, o ator disse alegremente: "Ele usa um chapéu-coco!". A personagem então foi toda construída a partir do adereço que o ator havia "visualizado", e o resultado foi maravilhoso.

O subconsciente influencia diretamente o funcionamento do corpo. Podemos condicionar, a partir de estratégias psicológicas, a parte consciente do cérebro a agir de acordo com nossos objetivos e crenças, mas, no fim das contas, é o subconsciente que está no controle a maior parte do tempo. Assim, quando lutamos no nível consciente para conquistar algo e falhamos, é possível que o subconsciente esteja ali, bloqueando a conquista da meta. Tratando-se do trabalho do ator, é preciso ter confiança no subconsciente. É ele o responsável por nos fazer atingir o estado emocional adequado a cada cena, recriando as circunstâncias imaginárias do roteiro e nos conectando aos objetivos da personagem, à medida que a própria mente consciente é alterada e adota o pensamento da personagem em si. É como um jogo invisível em que o ator encaixa peças dentro de si mesmo, extravasando a emoção genuína que, por sua vez, emociona o espectador.

Quando não confiamos em nossa mente subconsciente, experimentamos a ansiedade de desempenho, que consiste numa tentativa consciente de controlar nossa performance. Em casos assim, o resultado não raro vem à tona com menor qualidade, pois a autoconsciência acaba inibindo a genuinidade da emoção. Com as técnicas de hipnose e visualização de personagens, cenários ou situações, o subconsciente é ativado e o ator consegue se liberar das amarras intelectuais existentes.

A VOZ DA ALEGRIA

Caracterizada por uma explosão sonora, ampla e contagiante, a voz da alegria pode ser reconhecida pelo aumento na intensidade vocal, alcançando um tom mais agudo e ressoando na região do peito e da cabeça. Nessa configuração física, os músculos vocais relaxam e vibram com maior liberdade, resultando em uma voz melodiosa, aberta e brilhante.

Ao rir, produzimos uma sequência rápida e rítmica de expirações curtas, o que gera sons sincopados e espontâneos. Esse padrão vocal provoca um efeito quase imediato nos ouvintes: é praticamente impossível não reagir com empatia, rapidamente criando conexões sociais e intensificando o senso de comunidade.

Na vida e no palco, a voz da alegria é uma ferramenta poderosa de comunicação, capaz de dissolver tensões e aproximar pessoas num mesmo estado emocional de celebração.

SINTOMAS FÍSICOS COMUMENTE ASSOCIADOS À ALEGRIA

Respostas autônomas:

- brilho no olhar;
- contração involuntária da barriga;
- contração da bexiga, podendo ocorrer vazamento urinário;
- aumento da salivação;
- aumento da produção de serotonina, causado pelas sensações de relaxamento e contentamento;
- aumento da produção de suor, resultado do esforço físico do riso ou da tentativa de paralisar a liberação da alegria em situações e/ou lugares inapropriados.

Padrões passíveis de reprodução:

- respiração curta e entrecortada pelo riso ou pela empolgação;
- olhos voltados para cima;
- movimento corporal pendular vertical;
- sensação de leveza (causada pelo relaxamento);
- dificuldade de terminar frases;
- movimento das mãos em direção à barriga como forma de conter as vísceras ou aliviar a dor no diafragma, causada pela mudança dos padrões respiratórios, ou em direção à boca, como forma de conter o riso.

Padrões faciais:

- sorriso amplo, com lábios curvados para cima e dentes à mostra;
- expressão aberta e relaxada, sem sinais de tensão ou apreensão;
- bochechas levantadas pelo ato de sorrir;
- rugas ao redor dos olhos;
- lágrimas de felicidade;
- testa relaxada;
- rubor na face.

Orientação espacial:

- corpo pendendo para frente e para trás;
- movimento de passadas largas e curvamento do tronco.

Sensações subjetivas:

- empoderamento, pertencimento, prazer, júbilo, conquista, animação, bem-estar, enlevo, gozo, euforia, festa, brincadeira, dança, ânimo.

Sintomas de traumas:

- em casos de "ataque de riso" em lugares ou momentos impróprios, há uma tentativa de não deixar o som escapar, caracterizada pelo travamento dos lábios, o olhar voltado para baixo (afastado da fonte causadora do riso), a produção de sons guturais (podendo haver escape pelo nariz) e a testa franzida.

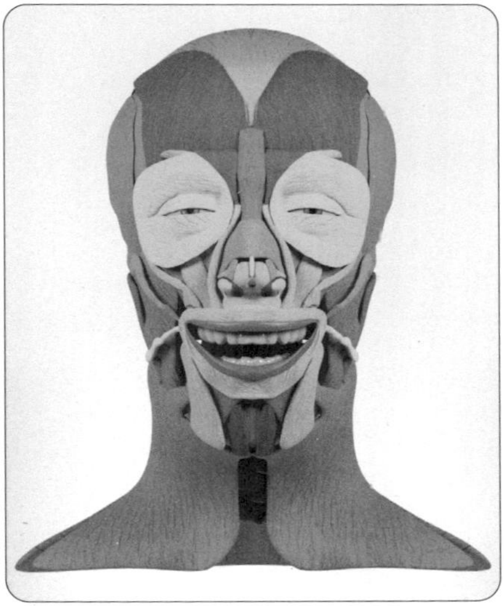

© Ferreira & Dalben (2019)

Protótipo anatômico da expressão da alegria.

PONTOS POSITIVOS E NEGATIVOS DA ALEGRIA

Positivos:

- aumento da energia, da motivação, da cognição e da criatividade;

- redução do estresse;
- melhoria nas relações sociais;
- fortalecimento de laços afetivos;
- fortalecimento do sistema imunológico.

Negativos:
- impulsividade e euforia;
- ilusão de poder momentâneo e invulnerabilidade;
- quando alternada com momentos de tristeza, pode indicar transtornos psicológicos.

RAIVAS

O teatro foi feito para libertar forças,
não para contê-las. A raiva é uma delas.
Antonin Artaud

A História e o Teatro são palco de paixões, movem plateias. Se na Roma Antiga os cristãos foram lançados aos leões em espetáculos sangrentos, promovidos pelos césares, durante a Revolução Francesa foi a nobreza quem se viu na arena, sob os gritos enfurecidos do povo. O poder ganhava, ali, novos protagonistas.

A Revolução Francesa foi uma explosão de ressentimentos acumulados. Durante séculos, o povo sustentou os privilégios de uma aristocracia soberba enquanto a fome assolava as ruas. A raiva foi crescendo nos becos e nas tavernas, nos bastidores e nos palcos, até se tornar irreversível. Em 1789, quando a Bastilha caiu, a mudança no teatro era palpável. A sátira ganhou força. A cena deixou de ser mero entretenimento, tornando-se um campo de divulgação ideológica.

Entretanto, assim como o cristianismo perseguiu os artistas romanos após se tornar religião oficial, o fervor revolucionário logo se converteu em intolerância. O chamado "Período do Terror", momento em que a França era governada pelo revolucionário Robespierre, fez da guilhotina um espetáculo de justiça e vingança que devorou seus próprios líderes. Assim, em 1794, quando Robespierre literalmente "perdeu a cabeça", ficou claro que até os protagonistas podiam ser substituídos.

A Revolução Francesa revelou que a raiva pode ser uma força transformadora, mas também um veneno sem antídoto.

No teatro, enquanto os atores se tornavam agentes políticos, a plateia reagia com paixão, muitas vezes levando os conflitos do palco para as ruas. Diferentemente da Roma Antiga, onde os artistas eram marginalizados, na França do século XVIII os intérpretes tinham um *status* respeitado, especialmente os que faziam parte da Comédie-Française, principal companhia de teatro do país. No entanto, com o colapso do Antigo Regime, a aristocracia deixou de financiar as artes, e os atores tiveram que se adaptar a uma nova realidade.

A revolução mudou o repertório teatral na França. As peças, que antes exaltavam reis e nobres, perderam espaço para obras que glorificavam a liberdade, a igualdade e a República. O teatro popular cresceu, e os panfletos de divulgação das peças circulavam como propaganda política.

A composição da plateia também mudou. Antes da revolução, os teatros eram frequentados principalmente pela nobreza e pela burguesia, que ocupavam os melhores assentos, enquanto o povo assistia das galerias superiores. Com a queda da monarquia, a cena se democratizou e a classe trabalhadora passou a ocupar os espaços que antes pertenciam à aristocracia.

Em termos de cenário, com a invenção da lâmpada a óleo e a utilização de espelhos e materiais refletores, a iluminação teatral se tornou mais dramática e eficiente. Inspirados na Commedia dell'Arte italiana, os pintores de palco passaram a utilizar técnicas de perspectiva para criar efeitos de profundidade, permitindo produções realistas e cenários elaborados.

Todas essas mudanças transformaram o teatro ocidental para sempre. A revolução trouxe o povo para o centro da cena e reforçou a ideia de que o teatro não era apenas diversão, mas uma ferramenta de expressão e de engajamento em conflitos sociais e individuais. Tais ideais influenciaram o Romantismo e o Naturalismo, movimentos culturais que vieram a seguir.

A Revolução Francesa impactou e reconfigurou os contornos culturais e sociopolíticos no mundo inteiro. A partir de suas conquistas, muitas colônias começaram a lutar por independência, vide os movimentos revoltosos no Haiti e no Brasil, com a Inconfidência Mineira.

A raiva provou ser um motor da revolução e uma mola propulsora de mudanças.

Nem tanto ao mar, nem tanto à terra

A raiva é uma emoção básica universal, uma reação natural que, geralmente, ocorre diante de situações de injustiça, frustração, irritação e rancor. Sua função evolutiva está associada ao instinto de autopreservação e ao combate de ameaças percebidas, e seus sintomas, assim como sua intensidade, podem variar de acordo com o indivíduo e com a situação.

Quando sentimos raiva, assim como medo, nossos mecanismos de luta e fuga são acionados no sistema nervoso, que atua a fim de ajudar o corpo a se preparar para possíveis ameaças. Tanto a inspiração quanto a expiração são regulares e exclusivamente feitas pelo nariz. O fluxo das inalações é constante, rápido e definido. Esse padrão respiratório deve ser executado com especial cuidado, já que, se reproduzido muito intensamente, pode causar tontura e mal-estar, devido à hiperoxigenação do sangue.

A liberação de hormônios no organismo eleva a frequência cardíaca e respiratória, promove a dilatação das pupilas e nos deixa em estado de alerta. O fluxo sanguíneo, desviado para os músculos, é responsável pelo tensionamento do corpo, formando um padrão postural que envolve punhos e maxilar cerrados, lábios apertados, sobrancelhas unidas e testa franzida.

O principal objetivo da raiva é o ataque. Geralmente, a atenção é voltada para quem ou o que provocou a emoção, levando o corpo a se inclinar e crescer em direção ao seu alvo para intimidá-lo.

Se bem utilizada, a raiva é preciosa. Ela pode inspirar o primeiro passo, a busca de um objetivo, a autoconfiança, a sensação de justiça e de êxito. Em última instância, a raiva é uma necessidade não atendida.

O tapa no Oscar

Em março de 2022, durante a cerimônia do Oscar, o ator Will Smith, vencedor do prêmio de Melhor Ator no mesmo ano, surpreendeu a todos ao reagir ao vivo, em transmissão para milhões de pessoas no mundo inteiro, a uma provocação do ator e humorista Chris Rock. Na ocasião, Rock fez uma "piada" com o fato de Jada Pinkett Smith, esposa do astro, estar careca. O problema é que Jada sofre de alopecia, motivo pelo qual mantém a cabeça raspada, e Will Smith, sentindo-se ofendido pela esposa, desferiu um tapa no rosto do humorista.

Para entender melhor esse caso, vamos falar de outro evento famoso, mas pouco compreendido: o chamado sequestro da amígdala cerebral. Esse conceito, cunhado por Daniel Goleman em seu livro *Inteligência emocional*,[22] refere-se ao fenômeno em que uma pessoa é dominada por uma emoção intensa e perde, temporariamente, o controle sobre seu comportamento. Isso ocorre devido à ativação da

[22] GOLEMAN, Daniel. *Inteligência emocional: a teoria revolucionária que redefine o que é ser inteligente*. São Paulo: Objetiva, 1996.

amígdala cerebral, associada ao processamento emocional, que assume o controle do indivíduo antes mesmo que seu córtex pré-frontal tenha tempo de avaliar racionalmente a situação.

O acesso de raiva é um atalho imediato entre trauma e evento. Quando o "sequestro" ocorre, é como se a amígdala passasse a se comunicar diretamente com o hipocampo, parte do cérebro ligada ao armazenamento das memórias e ao aprendizado das emoções. Assim, quando há algum evento traumático precedente (como a condição de saúde de Jada), basta um gatilho (o comentário de Chris sobre a aparência da atriz) para acionar o mecanismo de defesa do cérebro e provocar uma reação imediata (o tapa de Will Smith).

Para citar exemplos mais cotidianos, há muitas ocorrências de sequestro da amígdala cerebral envolvendo a educação dos filhos. Quando os jovens têm alguma atitude considerada indesejada, é comum que os pais se enfureçam e reajam desproporcionalmente, muitas vezes relacionando aquela situação a uma memória da própria infância. Se isso já aconteceu com você, o primeiro passo é ir atrás de pistas para conhecer seus gatilhos de antemão. Dessa forma, quando sentir que uma reação indesejada está a caminho, você será capaz de respirar fundo para tentar se manter consciente e no controle da situação. Feito isso, tente observar a cena de longe, como se fosse um espectador. Se necessário, tome notas das circunstâncias que provocam acessos de raiva toda vez que isso ocorrer, até conseguir relacionar o gatilho à emoção e, consequentemente, controlar a reação.

No trabalho com atores, autoprovocar acessos de raiva é um desafio tremendo. Como não há um estímulo universal para essa emoção, para que a cena seja convincente é importante que os atores entendam, a partir das próprias vivências, o que realmente os tira do sério. É preciso haver uma raiz intrapessoal envolvida nesse caso, como um trauma não resolvido, um grande medo, uma doença, necessidade de controle ou reconhecimento, preconceitos ou premissas.

Kathy Obear, especialista em mudança organizacional e treinamento de equidade e inclusão, esquematiza bem como identificar sinais de gatilhos:

Fonte: adaptado de Obear e Williams, 2017.

Nossos gatilhos são justamente nossa "falha trágica", nossa Hamartia ou nosso Karma, aquilo que normalmente nos leva a procurar psicólogos, psiquiatras, conselhos espirituais ou mesmo escape em entorpecentes. Observe bem se seus gatilhos se repetem. Eles são provenientes de nossas lentes sobre o mundo, ou, mais uma vez, de nossas crenças.

Se uma criança pega o brinquedo de um coleguinha, tudo é resolvido na hora. Pode haver um tapa, uma mordida, mas em seguida as mesmas crianças estão brincando novamente. Ao longo da vida, depois de tantos condicionamentos sociais, passamos a ter que esconder o que não é "agradável" ou "bonito", e a raiva, em nossa cultura, é particularmente desaconselhada. Que criança nunca ouviu algo como "Deixe de ser egoísta, empreste seu brinquedo preferido pro seu amiguinho"? E aí, se o seu ursinho querido, com o qual você dorme todas as noites, volta todo babado e rasgado, você ainda será aconselhado a não falar nada e engolir o choro. E então, quando nos tornamos adultos, um desses gatilhos pode ser despertado, e a reação poderá parecer descabida até para nós mesmos, que sequer sabíamos que guardávamos tanta mágoa.

Desde cedo, aprendemos que sentir raiva é perigoso. Ensinamos as crianças a sorrir quando querem gritar, a ceder quando se sentem frustradas, a não bater o pé, a não falar alto, a engolir o choro. A raiva, especialmente em meninas, é associada à histeria, à deselegância, à perda de controle, como se sua expressão fosse uma falha moral, e não uma reação legítima diante de uma ameaça ou injustiça. Essa repressão é cultural e histórica na sociedade ocidental, que valoriza o autocontrole, a diplomacia e as aparências, que defende sufocar a raiva ou redirecioná-la para formas mais sutis de expressão, como o sarcasmo, a passividade ou a omissão. O corpo, impedido de agir, então adoece, já que a energia da raiva – que deveria servir à proteção, à clareza e ao impulso por mudança – se transforma em tensão crônica, cansaço, melancolia ou rompantes fora de contexto.

A repressão da raiva também é uma forma de controle político. Grupos oprimidos são rotulados como "agressivos" ou "exagerados" quando falam de suas dores. Dessa forma, mulheres, pessoas racializadas e minorias sociais são ensinadas que demonstrar raiva provoca punição, isolamento ou ridicularização. O silêncio, então, se impõe como estratégia de sobrevivência.

Mas emoções jogadas para debaixo do tapete não desaparecem, apenas encontram outro lugar no corpo para habitar. Essa somatização pode afetar diversas áreas do indivíduo

– daí a importância de reconhecermos nossos gatilhos e investigar suas origens.

Veja abaixo alguns exemplos de raízes intrapessoais que podem acionar gatilhos da raiva:

Me engatilho quando:

- alguém não segue minhas instruções;
- alguém não é competente no trabalho;
- tiram vantagem de mim;
- sou excluído(a) de conversas importantes;
- falam mal de mim pelas costas;
- invisibilizam minha identidade e/ou minha história de vida;
- mexem nas minhas coisas sem permissão;
- me diminuem ou depreciam;
- alguém é agressivo e/ou violento comigo;
- alguém é arrogante;
- alguém se afasta no momento em que tento prestar apoio;
- alguém destrata terceiros na minha frente;
- me criticam;
- me comparam;
- minha fala é interrompida;
- meus esforços não são reconhecidos.

A lista é interminável. Apenas lembre-se: nós julgamos o mundo de acordo com nosso espelho.

Eu, só que outra

Até aqui, entendemos que mudanças na postura corporal influenciam na produção de emoções e sentimentos. Se insisto em uma fisicalidade emocional capaz de provocar determinada reação, causo um *bug* no cérebro, um nó cognitivo. Pessoas com depressão, por exemplo, tendem a ter os ombros rebaixados e curvados para frente, além do olhar direcionado para baixo, o que provoca um aprofundamento do estado. Uma postura oposta, por outro lado, se repetida constantemente e perdurada no tempo, é capaz de criar o sentimento contrário.

Certa vez, trabalhei com uma atriz cuja personagem se transformava de uma subordinada criatura em uma mulher de personalidade forte e resoluta, pronta para encarar as dificuldades de um universo machista e hostil. A atriz, no entanto, quase não tinha tônus muscular; ela se balançava sem necessidade, dispersando seus movimentos, falava de forma delicada e finalizava as frases sempre para cima, sem marcar o ponto-final, criando uma melodia que chamo de "etérea" ou "onírica". Para que a transformação da personagem fosse convincente, foi preciso trabalhar com a atriz a fisicalidade da raiva, que envolve cerrar os punhos, manter o olhar erguido e as narinas bem abertas e aterrar os pés no chão. Nos ensaios, também pedi a ela que adotasse uma voz mais grave, marcando bem o final de cada fala. Ela ria muito nos primeiros ensaios, pois nitidamente sentia-se outra pessoa, como uma adolescente que tenta parecer mais velha para assistir a um filme com classificação etária de 18 anos no cinema. Mas aos poucos, contracenando com outros atores, a atriz foi ganhando força, e por fim sua personagem estava ali, com contornos, dificuldades, dores e desafios nítidos e convincentes. A melhor parte foi ver que essa atriz, ao acionar um circuito neuronal inédito entre corpo e cérebro, também pôde amadurecer como pessoa.

O que acontece em casos como esse é que, quando as paisagens posturais se alteram, o cérebro passa a ler o corpo de forma diferente. O exterior é o primeiro gatilho da cadeia emocional, e, sendo assim, mudanças de fora para dentro também podem se dar a partir da alteração do ambiente que nos cerca: a limpeza da casa, uma nova disposição dos móveis ou uma cor diferente na parede, por exemplo, são capazes de mudar completamente o nosso humor. Música e aromas também afetam (e muito!) nossas emoções, podendo desencadear lembranças positivas ou negativas à medida que provocam diferentes estímulos em nossos sentidos.

Certo dia, durante um trabalho de coordenação de intimidade, acompanhei o elenco que atuaria em uma cena de violência sexual. No roteiro, a personagem masculina atirava objetos ao chão e esmurrava a parede próxima à personagem feminina. O conteúdo era bastante sensível, e eu, é claro, fiquei preocupada que algo ali pudesse despertar gatilhos nos atores e equipes envolvidos. Concentramos todos os esforços para que a cena fosse executada da forma mais cuidadosa possível, e, após poucas repetições, a dupla entregou um trabalho impecável.

Pouco depois, saímos para almoçar juntos. Fui cumprimentar os atores pela cena e, ao abraçá-los, uma surpresa: ambos apresentavam voz e corpo trêmulos, mesmo tendo se passado quase uma hora do fim das gravações. Esse episódio foi uma confirmação de que, em cenas de tensão, os atores submetem seus corpos a um estresse enorme. Quando perguntei se eles costumavam apresentar sintomas de ansiedade após trabalhos dessa natureza, como choro sem causa aparente e insônia, ambos confirmaram. Naquele dia, sugeri a eles que aromatizassem suas casas com óleos essenciais, fizessem exercícios de autoacolhimento, tomassem um banho quente no escuro (a fim de desligarem os sentidos) ou que provocassem o orgasmo (a fim de eliminar o excesso de adrenalina no corpo e ativar o nervo vago).

Ativando o nervo vago

Há várias maneiras de reduzir o estresse e provocar o relaxamento pela ativação do nervo vago. Uma delas é por meio de sons, que podem ser divididos em algumas categorias principais:

Shooshing: técnica que consiste em produzir sons sibilantes e contínuos, como "shhh" e "sss", semelhantes aos que ouvimos no útero, produzidos pelo fluxo sanguíneo da mãe. Esses sons ajudam a ativar o nervo vago, desacelerando o ritmo cardíaco e reduzindo o estado de alerta. Seu efeito calmante ancestral pode ser muito útil em momentos de raiva contida, irritação ou tensão física.

Sons vocais vibratórios: os sons de "mmm", "nnn" e "omm" – como o mantra sagrado Om, da tradição hindu – ressoam na cavidade torácica e nasal, promovendo autoescuta e centramento. Eles estimulam o sistema parassimpático e reduzem o cortisol, o hormônio do estresse. Devem ser entoados de olhos fechados e com a mão sobre o peito ou o abdômen, a fim de promover a reconexão corporal.

Vogais abertas em som contínuo: os sons de "aaa" e "eee" ajudam a liberar energia emocional acumulada – como a da raiva – de forma segura e controlada, uma vez que desbloqueiam o diafragma e facilitam a respiração profunda.

Ritmos vocais repetitivos: sons como "ha-ha-ha" e "ho-ho-ho" são muito usados na chamada ioga do riso, no teatro físico e em jogos vocais. Por induzirem o riso, a repetição desses sons é capaz de "enganar" o cérebro para produzir dopamina e serotonina, sendo uma estratégia eficiente para dispersar picos de raiva e prevenir crises de pânico.

Sons de baixa frequência: sons constantes e graves, como o eco de taças tibetanas, cânticos mântricos e ruído branco, contribuem para sintonizar corpo e mente em um estado de equilíbrio, já que vibrações sonoras são percebidas como estímulos positivos pelo sistema nervoso autônomo. Os sons binaurais – que apresentam uma diferença sutil entre dois tons, percebida quando escutamos diferentes frequências em cada ouvido –, também podem alterar o estado elétrico do cérebro, que, ao tentar reconciliar essa diferença, cria uma terceira frequência ilusória. Sob a frequência de 10 hertz, entramos em alfa, estado de relaxamento com leve atenção. A 4 hertz, entramos em teta, estado marcado pelo estímulo da imaginação, do "sonhar acordado".

Respiração diafragmática: a respiração profunda, que envolve inspiração pelo nariz, com expansão do abdômen, e expiração lenta e longa pela boca, desacelera o sistema nervoso simpático (de alerta) e ativa o parassimpático (de relaxamento). A manobra de Valsalva – que consiste em fechar a boca, tampar o nariz e forçar a passagem do ar pelas narinas, provocando pressão nos ouvidos – também estimula diretamente o nervo vago.

Simulação de mergulho: a sensação de mergulho pode ser bastante eficiente para acalmar os sentidos e relaxar o corpo. Para provocá-la, basta encher uma vasilha com água fria e imergir o rosto por quinze a vinte segundos. A partir desse gesto, o cérebro interpreta que estamos debaixo d'água, acionando um reflexo automático capaz de reduzir os batimentos cardíacos e estabilizar o sistema nervoso.

Choque térmico: aplicar gelo na nuca ou no rosto, regiões estratégicas da passagem do nervo vago, é uma técnica simples e eficaz para reduzir estados de ansiedade aguda, pois o choque térmico induz o corpo a uma resposta vagal de acalmamento. Às vezes, quando trabalhamos em salas com ar-condicionado muito frio, corpo e mente podem se sentir adormecidos, nos sinalizando que precisamos nos poupar. Nesses casos, nada melhor do que tomar ao menos cinco minutos de sol para aquecer o corpo e reativá-lo.

Movimento dos olhos: pelo fato de o nervo ótico ser muito mobilizado na raiva, desviar o olhar para o lado, mantendo a cabeça parada por alguns segundos, também desperta os circuitos ativos de segurança no cérebro, ajudando a romper o ciclo de estresse.

Por fim, gargarejar, simular ânsia de vômito ou bocejar sinalizam para o cérebro que o corpo está seguro o suficiente para relaxar. O toque suave, como massagens na nuca e nos ombros, também pode estimular o estado de consciência corporal. O *grounding*, ato de entrar em contato com a natureza, mesmo que por meio de gestos simples, como pisar na grama, abraçar uma árvore, observar o sol ou a lua, respirar olhando as nuvens, também tem esse efeito. Alongamento e sons de alívio, como uma boa espreguiçada acompanhada de bocejos (mesmo que provocados), podem driblar o estresse mental, comunicando ao corpo que ele está em alívio.

A força do ódio

Somos aquilo que nosso
cérebro faz de nós, somos aquilo
que ele armazena em seu
interior ao longo da vida.
Ivan Izquierdo

O cotidiano nos cerca de diversas informações por meio dos sentidos, seja o barulho de uma obra ao lado de casa, a visão dos carros passando em alta velocidade no trânsito, o comercial de Carnaval em pleno Réveillon, o algoritmo insistindo na compra de um item que você não precisa, o chiclete de dois sabores, o agro com ares de pop, a vitrine de verão em pleno inverno, shows de Madonna e Lady Gaga em Copacabana fazendo você se esquecer dos boletos que sem dúvida chegarão. A lista é enorme.

Para lidar com tudo isso sem nos enlouquecer, o cérebro desenvolveu a capacidade de filtrar a maior parte dos estímulos, retendo apenas o que nos interessa ou o que é necessário para nossa sobrevivência diária, num processo conhecido como **ATENÇÃO SELETIVA**. Em contrapartida, se falhamos nesse processo, ou seja, se não conseguimos focar no que é importante, estamos sujeitos a crises nas bases neurais responsáveis por captar atenção, fator responsável por aquela sensação conhecida de que tudo está passando rápido demais ou, em casos mais críticos, pela estafa mental. Como consequência desse mau hábito, passamos a evitar o tédio e desaprendemos a lidar com o ócio, esse elemento tão importante da surpresa e da criatividade. Quando não entendemos a hora de parar, podemos aniquilar ambas as coisas.

Nosso cérebro é esculpido em tempo real, a partir daquilo no que prestamos atenção. A estrutura cerebral funciona como um mecanismo de *use it or loose it*: ou você usa, ou você perde. Na era da conectividade, ouço com frequência pessoas reclamarem de falta de memória, muitas vezes sem se dar conta de que usam a internet toda vez que precisam encontrar alguma informação, ou de que abrem o aplicativo de mapas no celular sempre que precisam ir a algum lugar, ainda que já tenham feito aquela rota antes. Basta ver a popularidade do ChatGPT, utilizado para resolver questões diversas do cotidiano, incluindo de saúde mental, e ganhando até apelidos pessoais por parte dos usuários. Gestos como esses fazem com que o hipocampo, nossa "zona de memória", deixe de ser estimulado e passe a funcionar cada vez menos por conta própria. Por outro lado, se nos esforçamos para lembrar de algo e prestamos atenção específica no mundo ao redor, podemos melhorar a neuroplasticidade cerebral.

A raiva, aliás, foi uma das emoções que ajudaram na construção dessa neuroplasticidade. Isso porque, quando estamos com raiva, conseguimos concentrar toda a nossa energia.

Já atendi muitas pessoas que só pararam de procrastinar seus objetivos na força do ódio. A raiva clareia os propósitos.

A VOZ DA RAIVA

Quando pensamos nos efeitos da raiva na fala, a primeira coisa que costuma vir à mente é uma voz forte, alta e urgente. De fato, quando o corpo entra em estado de ataque, os músculos da laringe se tensionam, fazendo com que o fluxo de ar se intensifique e a voz seja projetada com maior pressão, adquirindo um tom grave e de modulação melódica reduzida, quase como um comando. Essas características, no entanto, podem variar conforme o tipo de raiva: além do padrão mencionado acima, há fúrias silenciosas, sussurradas entredentes, e há gritos curtos, quase explosivos. Em todo caso, o que se nota é um deslocamento do ar do diafragma para a região torácica, fator que reduz o controle da fala contínua. A emissão da voz é marcada por ataques vocais duros, sílabas tônicas acentuadas e ritmo acelerado. A mandíbula enrijece, dificultando o movimento das articulações. Em alguns casos, a vibração vocal se concentra na garganta, gerando rouquidão momentânea ou sensação de aperto.

No trabalho cênico, essas marcas vocais podem ser intencionalmente amplificadas ou suavizadas, desde que os atores mantenham a consciência corporal e respiratória para evitar desgastes. Reconhecer a configuração vocal da raiva permite não apenas interpretá-la com mais precisão, mas também perceber quando ela se infiltra na fala sem ser convidada, revelando algo que gostaríamos de esconder.

SINTOMAS FÍSICOS COMUMENTE ASSOCIADOS À RAIVA

Respostas autônomas:

- escassez de salivação (boca seca);

- taquicardia (batimentos aceleram para bombear sangue e oxigênio para os músculos, aumentando a prontidão para a ação);
- dilatação dos brônquios;
- dilatação das pupilas para permitir a entrada de luz, melhorando a visão no momento da ação;
- aumento da produção de adrenalina (impulso de viver);
- inibição de atividades gástricas, podendo gerar vômitos;
- relaxamento da bexiga, podendo ocorrer vazamento urinário;
- sudorese (parte do mecanismo de resfriamento do corpo, que se prepara para possíveis esforços físicos);
- palidez ou ruborização (fluxo sanguíneo pode ser redirecionado para os membros que serão mais utilizados na ação).

Padrões passíveis de reprodução:

- engrossamento do padrão vocal;
- tônus muscular (enrijecimento dos músculos como parte do preparo para a ação física);
- punhos cerrados;
- peito estufado;
- taquipneia ou respiração rápida pela boca (a respiração acelera para entregar uma quantidade suficiente de oxigênio aos pulmões e aos músculos).

Padrões faciais:

- dilatação das narinas, facilitando a passagem de oxigênio;
- corrugação dos músculos da testa, dos olhos e da boca, permitindo que o aparelho sensorial enxergue melhor, respire melhor e ouça com mais amplitude;
- enrijecimento dos músculos da mandíbula, causando a cerradura dos dentes.

Orientação espacial:

- passos para a frente;
- mãos à frente, preparando-se para aproximar ou atacar;
- movimentos curtos e velozes (bote), geralmente tensos e abruptos;
- cegueira momentânea.

Sensações subjetivas:

- força, ódio, fúria, cólera, furor, indignação, rancor, ressentimento, injustiça, paixão, ânsia, morte, desequilíbrio, excesso, possessão, danação.

Sintomas de traumas:

- cansaço, falta de memória, problemas gastrointestinais, aumento da pressão arterial, risco de infarto, acidente vascular cerebral (AVC) e/ou desenvolvimento de enfermidades autoimunes.

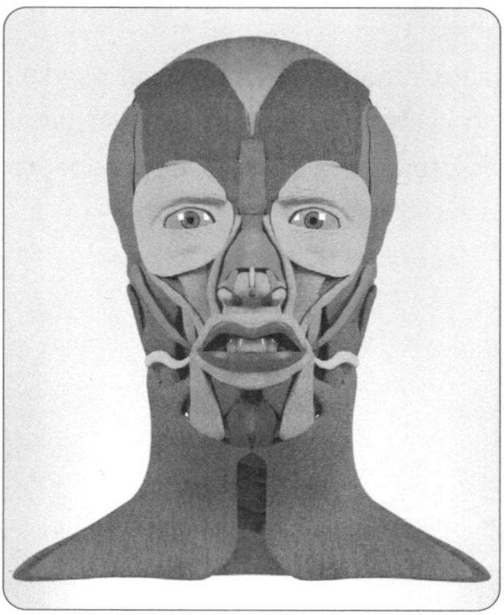

Protótipo anatômico da expressão da raiva.

PONTOS POSITIVOS E NEGATIVOS DA RAIVA

Positivos:

- estímulo para ação e mudanças;
- promoção do senso de justiça;
- aumento da assertividade, contribuindo para a imposição de limites;
- produção de energia para o enfrentamento de desafios e a superação de obstáculos;
- afirmação de presença e defesa de território/corpo a fim de impor limites pessoais;
- superação de obstáculos;
- recuperação de poder pessoal e autoestima de pessoas vítimas de abuso.

Negativos:

- atitudes impulsivas e/ou agressivas, prejudicando relações;
- aumento do cortisol, hormônio catalisador do estresse, podendo afetar a saúde cardiovascular;
- se não expressada, pode provocar doenças, dissociação e ideação de morte;
- violência física e/ou verbal.

AFETOS/TERNURAS

Vós, que sofreis porque amais, amai ainda mais.
Morrer de amor é viver dele.
Victor Hugo

Chegamos agora ao crepúsculo do século XVIII. Parte do mundo se encontra europeizado em costumes e tendências, uma vez que o Velho Continente invadiu muitos países na Ásia, na África e nas Américas. Ao final do século, os ideais europeus passaram a disseminar um novo senso de autoestima, propagando a liberdade, a igualdade e a fraternidade. A sociedade ocidental redefiniu a divisão de classes sociais, tendo na burguesia um estrato em expansão.

O "eu" se tornou o centro do mundo – "meu desejo", "minha nação", "minha comunidade". Tudo isso foi possível graças à popularização dos ideais do Iluminismo, que valorizava a razão em vez da fé como forma de compreender o mundo.

No século XIX, então, fez-se outra luz: a elétrica. Estudada desde a Grécia Antiga, foi somente a partir dos anos 1800 que a eletricidade passou a ser usada em grande escala, principalmente para operar máquinas nas fábricas em constante expansão. Essa nova tecnologia, somada à valorização da ciência, fez surgir a Revolução Industrial e, a reboque dela, uma nova etapa humana: o Romantismo.

A história é composta por uma análise de eventos no tempo, muitos deles incluindo fenômenos de negação ou valorização da conjuntura anterior. Com o constante avanço da tecnologia em vários segmentos, o Romantismo foi, para alguns, um apego saudosista a um mundo que nunca mais seria o mesmo, cercado de medos como a possibilidade de substituição do trabalho humano pela máquina. Por muito tempo, a concepção que baseava os ideais de pensamento era a luta do bem contra o mal. Depois, a emoção e os sentimentos foram aceitos como formas válidas de experimentar a vida. Agora, o foco era pensar o mundo sob um ponto de vista de classe, aprofundar-se na subjetividade do pensamento e prezar pelo individualismo.

Com as mudanças no modelo de trabalho e os longuíssimos expedientes, foi necessário começar a se falar em descanso. Férias. Pausa. Distração. Nos centros urbanos, que viviam um período de franca expansão com a implantação da indústria e dos serviços, a burguesia crescia e se consolidava cada vez mais, descobrindo na leitura uma forma acessível de lazer. Jovens e mulheres com algum recurso e instrução compunham o principal público leitor, e o gênero literário mais consumido era o romance. As narrativas projetavam as emoções e as expectativas que marcaram a época, como a busca pelo amor romântico (os casamentos por amor eram cada vez mais naturalizados e almejados), pela felicidade, por afeto/ternura. E, quando a realidade não correspondia a essas expectativas, as histórias também traziam frustrações e desilusões com as quais era possível se identificar.

Com a popularização dos jornais e revistas, muitas histórias começaram a ser publicadas também como folhetins semanais ou diários. Com o Romantismo ajudando a moldar o conceito moderno de individualidade, houve uma mudança de foco das histórias de heróis épicos e nobres para narrativas mais pessoais e emotivas. O amor e o afeto/ternura eram emoções bastante abordadas nessas publicações, que priorizavam conflitos familiares e laços românticos.

No teatro, o drama se tornou o gênero mais palatável. Com recursos que provocavam identificação do público, risadas e lágrimas, não demorou a tomar o lugar das tragédias. Assim como na literatura, as peças voltaram-se para a vida individual, abordando as relações e as emoções humanas. O ideal de um mundo mais "leve", associado ao sentimento de que a vida é breve, substituiu as mensagens de cunho formativo e moralizante. Paralelamente, o desenvolvimento tecnológico modificou toda a aparelhagem que cercava os espetáculos, que passaram a contar com iluminação a gás, sonorização e efeitos especiais diversos.

No final do século XIX, o primeiro carro foi criado na Alemanha. Ao mesmo tempo que a nova invenção diminuiu distâncias terrestres, ela aumentou as distâncias sociais: a elite passou a ostentar e a buscar se diferenciar por seu poder de compra de bens de consumo, como acontece até hoje. Não à toa, estudiosos da antropologia – área dedicada à investigação dos costumes humanos – começaram a publicar suas primeiras teses nesse período. Homens e mulheres se tornaram objetos teorizáveis pela ciência, que passou a tentar responder questões como onde e como somos diferentes enquanto gênero e se somos globalmente semelhantes ou culturalmente múltiplos. Tais perguntas adentraram também o mundo do consumo, e nós, agora meros seres supérfluos na cadeia produtiva, substituíveis por maquinários cada vez mais tecnológicos, fomos relegados a consumidores. Tornamo-nos estatística, probabilidade, tendência. Foi um verdadeiro choque na autoestima humana. E o que nos devolveria a humanidade? O amor.

Afeto/ternura refere-se a sentimentos de amor, carinho, simpatia, empatia e conexão emocional que as pessoas experimentam umas com as outras, ou mesmo em relação à natureza, objetos e situações. O afeto pode se manifestar de várias maneiras – expressões verbais, gestos físicos de carinho, comportamentos de apoio e cuidado – e variar em intensidade e duração, além de ser influenciado por uma variedade de fatores, como experiências passadas e contextos culturais diversos. Ele desempenha um papel fundamental nos relacionamentos interpessoais, ajudando a fortalecer laços e promover sentimentos de segurança, pertencimento e bem-estar emocional, e no desenvolvimento emocional das crianças, fazendo com que se sintam amadas, seguras e valorizadas. Ou seja, a capacidade de expressar e receber afeto/ternura é crucial para o cultivo de relacionamentos saudáveis e satisfatórios ao longo da vida.

Quando sentimos afeto/ternura, nosso padrão respiratório reduz a frequência, mantendo um ritmo regular e uniforme. A respiração ocorre pelo nariz, enquanto a boca semifechada e os lábios relaxados desenham um leve sorriso. As pálpebras, a musculatura da face e o tônus se mantêm relaxados, enquanto a cabeça inclina-se sutilmente de um lado para outro. Tocar, acariciar, sentir com as mãos são ações consideradas parte do padrão postural ativo do afeto/ternura.

Sete amores em cena

Os gregos antigos, ao nomearem com precisão os diferentes matizes do amor, legaram ao mundo uma paleta que o teatro conhece intuitivamente há séculos. Cada tipo de amor é uma lente para a criação, um motor dramático, um gesto afetivo que pode ser explorado em cena. São eles Eros, Storge, Philia, Ágape, Ludus, Pragma e Philautia.

Eros, o amor romântico: é o amor passional, carnal, ao desejo, ao impulso que arrebata. É o amor que move o corpo para além da razão, que queima e consome. É o fogo da tragédia e o brilho fugaz da comédia romântica. No teatro, Eros aparece em *Romeu e Julieta*, em *Fedra*, em *Don Juan*. Em cena, é potência encarnada, exigindo entrega, respiração entrecortada e olhar vívido. Do ponto de vista neurobiológico, é regido pela dopamina, pelos hormônios sexuais e pela noradrenalina, hormônios que excitam, aceleram e lançam o corpo no mundo.

Storge, o amor familiar: é o afeto que nasce da convivência: o amor de mãe, de pai, entre irmãos. Pode ser silencioso, mas profundo, tecido pela rotina e pelos gestos simples. É o amor que se sacrifica, que sofre calado. No palco, Storge sustenta personagens como Mãe Coragem (*Mãe Coragem e os seus filhos*), Cordélia (*Rei Lear*) e em tragédias de famílias dilaceradas, como *Édipo Rei*. No corpo do ator, é o toque que cuida, a voz que embala, a presença que ampara. Na neurociência, está ligado à ocitocina, o "hormônio do apego".

Philia, o amor-amizade: é o amor da afinidade, da parceria ética, da amizade verdadeira. Segundo Aristóteles, é a forma mais nobre de amor, pois podemos escolher nossos amigos. No teatro, encontramos Philia entre Hamlet e Horácio (*Hamlet*), Vladimir e Estragon (*Esperando Godot*) e em companheiros de viagem e luta. Em cena, é o corpo que escuta, que sustenta o outro, que cresce junto; o diálogo entre amigos é um campo fértil para a escuta ativa e a cumplicidade cênica. Para a neurociência, Philia está ligada à serotonina, neurotransmissor responsável pela estabilização do humor e a criação de vínculos duradouros.

Ágape, o amor incondicional: é o amor compassivo, irrestrito, que transborda. Representa o amor de Antígona por seu irmão, mesmo diante da morte. Está no perdão do Rei Lear e no sentimento que sustenta Cristo na cruz. No teatro, Ágape é o espaço da transcendência, da fé, do gesto de se doar sem esperar receber algo em troca. É o amor ético e sutil, mas denso de sentido para a cena. Pode ser incorporado por vozes que acolhem, por corpos que abrem espaço ao outro. Na neurociência, está ligado à ativação das zonas cerebrais responsáveis pelos sentimentos de compaixão e empatia, uma forma de "presença que cura".

Ludus, o amor brincalhão: refere-se ao jogo da sedução, ao flerte, à dança do desejo. É o amor do riso e da leveza, presente na Commedia dell'Arte de Carlo Goldoni, nas personagens Colombina e Arlequim. No teatro, Ludus convida à improvisação, ao jogo de cena, à escuta do *timing* cômico. É o corpo que ri, que provoca, que escapa. Na neurociência, relaciona-se principalmente à dopamina, o prazer no "aqui e agora".

Pragma, o amor maduro: é o amor duradouro, adaptável, que se constrói com o tempo, baseado em compromisso e respeito mútuo. É amor que se negocia, que renasce das ruínas. No teatro, está presente em casais que enfrentam o desgaste do relacionamento, como Nora e Torvald (*Uma casa de bonecas*) e Martha e George (*Quem tem medo de Virginia Woolf?*). Em cena, Pragma se manifesta no corpo que insiste, na voz que retorna, no olhar que reconhece. Na neurociência, relaciona-se à serotonina e à ocitocina, o hormônio do "prazer apaziguado".

Philautia, o amor-próprio: é o autoamor, essencial para que possamos desenvolver os demais tipos. Quando saudável, é autocuidado, autoestima, dignidade. Quando em excesso, pode virar narcisismo, egoísmo. Na tragédia grega, o herói muitas vezes tropeça na Philautia inflada: é o orgulho de Édipo, a vaidade de Agamenon. No teatro, trabalhar a Philautia é encontrar o próprio centro, cuidar da própria energia e da escuta interna. Quando sentimos amor-próprio, ativamos os circuitos do sistema nervoso parassimpático: o corpo relaxa, o estresse diminui e a produção de ocitocina e serotonina – neurotransmissores do aconchego interno, do sentimento de pertencimento consigo mesmo – aumenta.

Empatia como método de sobrevivência

Em seu livro *Tocar: o significado humano da pele* (1988), o antropólogo e especialista em comportamento humano Ashley Montagu aponta que as mulheres tocam mais e são mais tocadas do que os homens. Paralelamente, um estudo conduzido pelo antropólogo Michael H. Crawford revelou que os homens tendem a recusar mais o toque de pessoas do mesmo gênero do que as mulheres. Sabe-se, ainda, que a cultura interfere na recepção e na percepção do toque. No Ocidente, espera-se que as mulheres sejam mais tocadas que os homens, sendo que os europeus, em geral, são menos receptivos ao toque do que os latinos, por exemplo. Já em algumas regiões do Oriente, o toque entre homens é algo cultural: em Omã, país da Península Arábica, os homens se cumprimentam com um toque de nariz, demonstrando afeto/ternura; já na Índia, é comum ver homens, sejam amigos ou familiares, andando na rua de mãos dadas.

Mas indo além das questões culturais e de gênero que envolvem o ato de tocar, estudos mais recentes demonstraram que a estimulação tátil tem efeitos profundos sobre o organismo, tanto no que se refere aos aspectos fisiológicos quanto comportamentais. Temple Grandin, psicóloga e pesquisadora estadunidense, ganhou destaque na comunidade científica ao desenvolver o que chamou de "máquina do abraço", um dispositivo capaz de gerar pressão sobre o corpo a fim de aliviar sintomas de medo e ansiedade. Durante a pandemia de covid-19, quando o toque se tornou ausência gritante, os simuladores de abraço trouxeram algum conforto para pacientes internados, assim como as luvas assopradas, que replicavam a sensação de mãos dadas.

Para muitas pessoas, mesmo presenciar um gesto de afeto/ternura pode provocar sentimentos relacionados a essa emoção. A forma como reagimos diante de uma situação que nos encanta, como uma criança demonstrando amor e sendo acolhida pela outra parte, é um exemplo disso, e imediatamente compreendemos e aprovamos essa atitude. O mesmo se dá quando testemunhamos um gesto grosseiro ou agressivo: imediatamente identificamos a expressão de raiva para, em seguida, reprová-la. O primeiro exemplo ativa em nós um comportamento de aproximação, e o segundo, um repúdio que nos conduz ao distanciamento. Essa habilidade de reconhecer e reagir a emoções alheias é chamada de empatia, característica altamente adaptativa e relacionada à sobrevivência da espécie humana.

Os neurônios-espelho são os responsáveis pela habilidade de reagir às expressões faciais e corporais do interlocutor, de forma que, por meio de um processo lógico, conseguimos deduzir quais emoções estão sendo demonstradas. Graças a esse sistema, somos capazes de compreender a experiência emocional do outro ao identificarmos a mesma experiência em nós mesmos.

Quando assistimos a um filme ou a uma novela e nos emocionamos com uma cena de carinho e afeto/ternura, também conseguimos ativar as mesmas áreas cerebrais que o ator está vivenciando por meio dos neurônios-espelho. Quanto maior a identificação da experiência, maior a ativação neuronal. A neurociência reconhece que a importância da descoberta do neurônio-espelho representa, para os estudos da mente, o mesmo que o estudo do DNA representou para o conhecimento do genoma humano. Afinal, a humanidade ganhou um ponto no jogo da autoestima ao descobrir que a empatia, para além de um gesto de compaixão ou caridade, é um espelho do que existe dentro de cada um de nós.

▸ Amar e cuidar do fêmur

Em 2021, o produtor de televisão britânico Remy Blumenfeld escreveu um artigo para a *Forbes* contando um episódio ocorrido com a antropóloga Margaret Mead anos antes.[23] Na ocasião, Mead, então professora universitária, foi questionada por um aluno sobre qual seria o primeiro sinal de civilização de uma cultura. Ele esperava que a professora

---

[23] Veja o artigo completo: https://www.forbes.com/sites/remyblumenfeld/2020/03/21/how-a-15000-year-old-human-bone-could-help-you-through-the--coronavirus

mencionasse potes de barro, ferramentas ou artefatos religiosos, mas a resposta de Mead o surpreendeu: a primeira evidência de civilização foi um fêmur fraturado de 15 mil anos.

O fêmur é o osso mais longo do corpo, responsável por ligar o quadril aos joelhos. Sem acesso à medicina moderna, uma fratura no fêmur exige cerca de seis semanas de repouso para cicatrizar. E aquele osso em particular havia sido quebrado e curado, o que significa que alguém havia cuidado daquela pessoa ferida e esperado até que melhorasse. O sentido de civilização para Mead, então, vem do conceito de cuidar. A compaixão foi o primeiro traço de civilização humana, e o apego é uma estratégia mental de sobrevivência.

O arquétipo do afeto/ternura representa a essência ou a natureza fundamental do amor compassivo. Pode estar associado a figuras ou símbolos que o personificam, como a mãe amorosa, o cuidador benevolente ou o professor gentil e dedicado, para citar apenas alguns exemplos. Tais símbolos são encontrados em histórias, mitos e imagens culturais que evocam sentimentos de amor, proteção e conexão emocional.

A VOZ DO AFETO/TERNURA

O afeto/ternura tem um timbre próprio: baixo, lento, sem arestas. Não é uma voz fraca, mas acolhedora, que escuta enquanto fala. Sua frequência tende ao grave suave: não se projeta para dominar o espaço, mas se instala nele. É pausa antes da palavra, é respiração que avisa "Estou aqui, sem urgência".

Na fisiologia, a voz do afeto/ternura surge quando o corpo está em estado de segurança social: o nervo vago ventral está ativado, o diafragma solto e as musculaturas da face e da garganta relaxadas. Stephen Porges, psicólogo estadunidense e diretor do Consórcio de Pesquisa de Estresse Traumático do Instituto Kinsey, chama a isso de "estado de engajamento social". No palco, o afeto/ternura não precisa ser dito, mas sentido, transmitido. É uma voz que não grita, não explica, não argumenta.

SINTOMAS FÍSICOS COMUMENTE ASSOCIADOS AO AFETO/TERNURA

Respostas autônomas:

- tom de voz suave e calmo, sem inflexão para baixo (pontos finais graves), apenas para o alto (voz onírica).

Padrões passíveis de reprodução:

- postura relaxada e aberta, indicando disposição para se conectar emocionalmente e oferecer conforto.

Padrões faciais:

- sorriso suave;
- olhar terno e compreensivo.

Orientação espacial:

- olhar repousado no objeto de afeto;
- foco e fisicalidade voltados para o outro.

Sensações subjetivas:

- toque suave e gentil, delicadeza, doçura, brandura, elo, suavidade, meiguice, amorosidade, gentileza, bondade, amabilidade, dedicação, cuidado, zelo, benevolência, solidariedade, compaixão, enternecimento, conexão, pertencimento, paz.

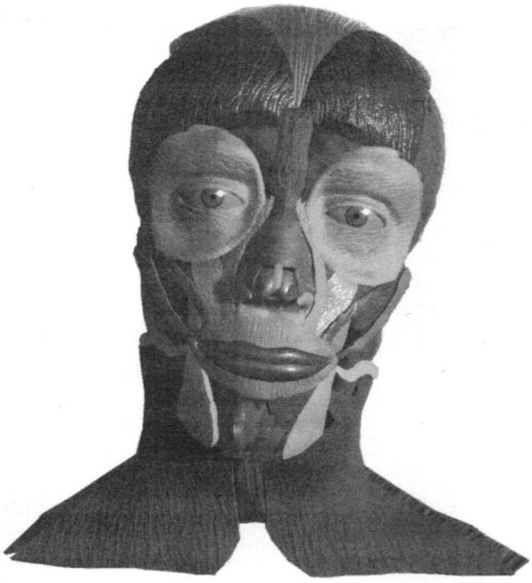

© Bracher & Ferreira (2025)

Protótipo anatômico da expressão de afeto/ternura.

PONTOS POSITIVOS E NEGATIVOS DO AFETO/TERNURA

Positivos:

- favorecimento das conexões emocionais;
- fortalecimento dos laços afetivos;
- redução do estresse;
- promoção de bem-estar psicológico;
- estímulo à empatia e ao cuidado com os outros.

Negativos:

- manipulação emocional de terceiros;
- dificuldade de agir com firmeza;
- pode ser confundido com fraqueza em excesso.

NOJOS

O nojo me diz o que não sou.
Julia Kristeva

Inglaterra, abril de 1882. Apesar da chuva, fazia um silêncio ensurdecedor na pequena vila de Downe, na região de Londres. Cobertas com grossos paletós de lã, as pessoas não ousavam se encarar ao adentrar a elegante casa decorada com papel de parede adamascado, cheia de manuscritos, desenhos, mapas, animais empalhados e livros volumosos, revelando vestígios de um cientista que amou seu ofício até o último batimento cardíaco.

Naquela quarta-feira cinzenta de abril, parentes e amigos mais próximos se reuniam para o enterro de Charles Darwin.

Na minha imaginação, há entre os presentes na cerimônia dois jovens cientistas vindos de diferentes lugares para se despedir do mestre que havia mudado os contornos do mundo com sua inteligência e curiosidade. Um deles, aos 26 anos, vinha da Áustria, e o outro, aos 19, da gélida Rússia. Eram Sigmund Freud e Constantin Stanislavski, que, na minha mente, aparecem consternados com essa perda universal.

Ao olhar para trás e analisarmos a história, percebemos que somos absolutamente influenciados por causalidades e que as mudanças não ocorrem do dia para a noite; elas são fruto de algo engendrado no antes. Apesar do foco em disciplinas diferentes, a matéria-prima de estudo dos dois jovens era a mesma do cientista de 73 anos: a mecânica do comportamento humano. Não fosse Darwin e outros pensadores e artistas que o precederam, estudos como os de Freud e Stanislavski, considerados hoje os pais da psicanálise e da atuação, talvez não tivessem surgido naquele momento.

Embora os três fossem, sim, contemporâneos, não há dados que confirmem ter havido um encontro real entre eles, mas muitos fatos comprovam as semelhanças entre suas obras. Os três adotaram a abordagem científica em seus trabalhos, enfatizando a observação, a experimentação e a análise sistemática dos dados. Os três desenvolveram suas técnicas por meio da experimentação prática e da observação cuidadosa. E os três fundamentaram sua teoria em evidências coletadas ao longo de muitos anos de pesquisa. A magnitude do pensamento desses gênios, talvez os maiores precursores do estudo das emoções humanas até hoje, foi realmente um fenômeno.

Mas o que ciência, psicanálise e teatro têm a ver? O mundo, a mente, a mídia? O fora, o dentro, o entre?

Bem, absolutamente tudo. Enquanto Darwin estudou a fisiologia das emoções, Freud se aprofundou na linguagem inconsciente delas, e Stanislavski se dedicou a desenvolver formas de reproduzi-las com verdade. As três áreas se cruzam em uma tentativa simbólica ou literal de compreender a condição humana através da observação.

Mas o diálogo entre o teatro e a ciência não é privilégio da contemporaneidade. Desde os primórdios, homens e mulheres vêm tentando embasar suas emoções e seus conflitos em pautas concretas e explicáveis. A própria medicina surge, na Antiguidade Clássica, como uma espécie de show de pirotecnia para convencer o público de sua eficácia. Nesse sentido, o conceito aristotélico de catarse que o teatro é capaz de provocar também é uma tentativa incipiente de contextualizar sensações mentais através da arte.

Na Idade Média, a interseção entre as artes e a ciência dos seres vivos foi retomada com a dissecação anatômica, prática através da qual foi desvendado – e exposto ao público – o misterioso e fascinante mundo intradérmico. Não tardou para surgir, então, o conceito de anatomia psicológica e de anatomia da natureza, que começava a dar os primeiros passos com a dissecação da terra (origem da arqueologia) e das pedras (origem da geologia).

O campo científico começava a ocupar, agora, os espaços misteriosos e inexplicáveis do ocultismo e do obscurantismo religioso. Depois de muito observar o céu e os micro-organismos desde o século IV, a possibilidade de dissecar a Terra e o corpo humano sem a interferência religiosa abriu alas para a abstração. No século XIX, então, a humanidade presenciou importantes eventos tecnológicos e científicos que deram origem aos estudos neurofisiológicos do comportamento e das emoções.

Com a Primeira Guerra Mundial, o mundo presenciou revoluções, mudanças econômicas, trocas de poder e reconfiguração das fronteiras. Dos horrores da guerra, da violência e da fome nasceu a pausa dramática no teatro. Apenas a palavra já não dava conta de expressar tudo. A comunicação não verbal fazia-se necessária, e atuar virou uma arte à parte. Atuar se tornaria um ofício operacional e treinável. Entramos aqui na era da subjetividade, o "individuocentrismo".

▸ Eca!

O nojo é uma emoção primária, caracterizada pela repulsa que, em geral, provoca o afastamento do estímulo tóxico. De uma perspectiva evolucionista, é um importante mecanismo de defesa. Para entender essa colocação, imagine-se diante das vísceras de um animal em decomposição. Você se aproxima dele, respirando profundamente o odor que exala, e sente seus olhos lacrimejarem. Você ouve os vermes se movimentando sobre a carne apodrecida. Só de imaginar a cena, seu rosto provavelmente se contorceu em uma expressão muito conhecida: a repulsa.

É importante ressaltar que, embora o nojo e a repulsa sejam respostas do organismo a fim de nos proteger de situações perigosas ou substâncias intoxicantes, nem tudo representa necessariamente uma ameaça à vida. Essas respostas podem ser influenciadas por fatores individuais, culturais ou sociais, variando de acordo com as experiências e o contexto de cada um. Na Índia, por exemplo, a vaca é um animal sagrado, enquanto nos países ocidentais a carne bovina é uma das mais consumidas. A repulsa pode, também, ser marcada pelo tempo: no início do século XX, o casamento com meninas menores de idade era normalizado no Brasil, assim como o trabalho infantil, para citar apenas dois exemplos absolutamente condenáveis nos dias de hoje.

Ao longo dos séculos, o corpo da mulher foi um dos principais alvos da construção simbólica do nojo. Na lógica patriarcal, a repulsa aos fluxos femininos – como parir, menstruar, transpirar, ter orgasmo e amamentar – é uma ferramenta de esvaziamento associada à instabilidade. Segundo Julia Kristen, filósofa e psicanalista búlgara, o sangue menstrual torna-se abjeto porque escapa à lógica do controle. Não por acaso, nas propagandas de absorventes íntimos o sangue é representado pela cor azul, como se o líquido vital vermelho pudesse chocar ou provocar constrangimento.

O nojo pode ser um dispositivo cultural que mascara a moralização do diferente, não raro sendo acionado para excluir corpos idosos, gordos, negros e transgênero. Os corpos fora do dito "padrão" (branco, jovem, cisgênero) são, assim, constantemente animalizados, hiperssexualizados, desumanizados e desnaturalizados. Segundo Judith Butler, importante filósofa contemporânea nos estudos de gênero, o nojo não é uma reação neutra: ele estrutura o que pode ou não pode existir em espaço público.

Tenho refletido, ainda, sobre o crescimento da linguagem *gore* e do *body horror* no cinema. O filme *A substância* (2024) – indicado a várias categorias no Oscar 2025, incluindo melhor filme – revela a catarse sensorial de uma sociedade que já não se abala com o sofrimento estético ou simbólico. É preciso usar da escatologia para revelar a decadência, o fracasso da estética, a crise da idealização excessiva a qual somos submetidos.

Texto, subtexto e contexto

Ler e interpretar um texto envolve decodificar a linguagem e atravessar as palavras em busca da mensagem. Nesse processo, formamos imagens mentais do que está sendo lido e relacionamos, numa fração de segundos, tais ideias ao nosso próprio conhecimento, muitas vezes sem perceber o quão exaustiva essa tarefa pode ser, porque fomos treinados para ela desde a infância. Mas, para ultrapassar a superfície do texto e avançar aos estágios mais profundos da leitura, é preciso adentrar aquela camada escondida, tecida nas entrelinhas, a que chamamos subtexto, e relacioná-la às circunstâncias que envolvem a obra, a que chamamos contexto.

Quando o trabalho de um ator é bem-feito, o público pode se esquecer de que a personagem nasceu de um texto e de que foi preciso um exaustivo trabalho de leitura e interpretação para construí-la e dar-lhe vida. A noção de subtexto, aliás, vem do teatro e está creditada a Stanislavski, cuja percepção de teatro realista considera a existência de uma lacuna entre o que não é dito nem mostrado, mas que pode ser percebido porque sempre esteve ali, oculto na mensagem. É justamente nesse espaço que o conteúdo do texto se expande, ganhando certa tridimensionalidade.

É esse o lugar do subtexto, essa miscelânea de impulsos e motivações que corre paralelamente ao texto, abrindo-se para um mar de informações culturais, sociais, estéticas e políticas, dentre muitas outras características, no qual o texto e o leitor estão inseridos. Freud também fez contribuições valiosas nessa área, já que seus estudos entendem a experiência humana como uma incursão pelos domínios afetivos. Quando se trata da arte da atuação, Stanislavski propõe uma visão holística de que corpo, mente e alma devem andar juntos, e é a partir dela que devemos entender seus elementos e sua conexão, como a comunhão, a concentração, a imaginação e as imagens que afetam.

Pode-se dizer que Stanislavski é precursor do mergulho pelo universo interior, tanto quanto Freud. Ele estimulava os atores a buscar as motivações subjetivas de suas personagens e a explorar os conflitos entre impulsos internos e normas sociais, expressando e compreendendo emoções verdadeiras por meio da dramaturgia. Nesse sentido, sua obra estabelece diálogo com os conceitos da nova teoria da ciência da mente, o inconsciente. Vale dizer ainda que, quando Stanislavski escreveu seus livros, fazia apenas quarenta anos que o ofício de ator havia começado a ser visto como uma profissão, deixando de ser considerado uma atividade de pessoas incultas e moral duvidosa.

A VOZ DO NOJO

A emoção do nojo ativa o sistema nervoso simpático, provocando, no corpo, respostas físicas de repulsa. Na voz, essa configuração pode se manifestar por meio de:

- tensão no trato vocal superior: contração da faringe, elevação do véu palatino e bloqueio parcial da laringe;
- timbre fechado ou estrangulado: a voz soa áspera, metálica, como se algo impedisse a emissão plena do som;
- registro agudo e anasalado: a fala tende a subir de frequência, aumentando a nasalidade e, consequentemente, o tom de asco ou sarcasmo;
- articulação truncada ou enviesada: os lábios e a língua se retraem, produzindo consoantes cuspidas ou vogais curtas;

- interrupções e variações bruscas: pode haver pausas secas, aceleração da fala e uso de ênfases abruptas, refletindo o impulso de afastamento do corpo.

Na atuação, a voz do nojo é útil para indicar repulsa sem recorrer ao exagero corporal. Pode ser usada para:

- mostrar desprezo contido, asco moral ou rejeição afetiva;
- criar distanciamento vocal mesmo em frases neutras;
- marcar a tensão entre o que se diz e o que se rejeita.

Mas atenção: a reprodução dessa voz exige controle técnico, pois o excesso de tensão pode prejudicar as pregas vocais. É recomendável usá-la com preparo corporal e vocal adequado.

SINTOMAS FÍSICOS COMUMENTE ASSOCIADOS AO NOJO

Respostas autônomas:

- náusea e vômito (o corpo tenta se livrar da causa do nojo);
- mal-estar generalizado;
- salivação excessiva e/ou desejo de cuspir;
- emissão de sons guturais (limpeza da garganta);
- desconforto gastrointestinal;
- arrepio e lacrimação;
- aceleração do ritmo cardíaco.

Padrões passíveis de reprodução:

- fechamento das vias de contato (nariz, olhos, boca);
- tensionamento da musculatura zigomática;

- cerradura da mandíbula;
- franzimento do rosto como um todo.

Padrões faciais:
- sobrancelhas baixas, nariz e testa franzidos, lábios curvados para baixo, queixo elevado, cabeça recuada.

Orientação espacial:
- movimento em direção contrária à fonte da aversão, evitação do contato tátil.

Sensações subjetivas:
- repulsa, repugnância, aversão, antipatia.

Sintomas de traumas:
- sensação de que o corpo está sujo ou contaminado;
- sentimento constante de ameaça.

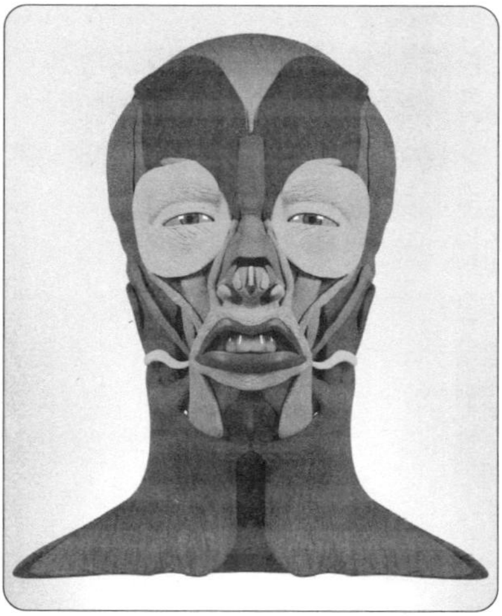

Protótipo anatômico da expressão do nojo.

PONTOS POSITIVOS E NEGATIVOS DO NOJO

Positivos:

- proteção contra riscos biológicos, como alimentos estragados e possíveis fontes de doenças;
- evitamento de situações insalubres ou perigosas (senso de discernimento);
- ação de balizador moral, equilibrando comportamentos considerados desagradáveis, anti-higiênicos ou antiéticos.

Negativos:

- incitação ao preconceito e à intolerância (repulsa generalizada a minorias);
- limitação da vivência de novas experiências;
- geração de fobias ou aversões irracionais (o outro é visto como agente contaminante).

ATO 3

NEUROARTESANATO

ESTADO DE CRIAÇÃO

Eu sou eu mais as minhas circunstâncias.
José Ortega y Gasset

Se você chegou até aqui, talvez esteja se perguntando como aplicar as reflexões apresentadas neste livro para conquistar maleabilidade no manejo de suas emoções. Para começar a responder, trago um conceito usado no trabalho com atores, a que chamo de **ESTADO DE CRIAÇÃO**, mas que serve também ao público geral. Esse estado envolve desde o exercício das fisicalidades, como vimos nos capítulos anteriores, até a inclusão de elementos externos, como figurino e caracterização. Tais componentes materializam contextos sociais e de identidade, além de ajudar os corpos a se transformarem em imagem e, consequentemente, em uma fonte importante de informação sobre um indivíduo. Afinal, toda imagem produz efeitos tanto para quem a vê quanto para quem a carrega.

Ainda que a imagem seja a camada mais superficial da personagem, ela é parte fundamental de sua subjetividade, pois influencia como ela se sente e como é percebida. Figurinos, gestos e objetos são geradores de sentido, capazes de reconstruir experiências e evocar sensações. Fora dos palcos ou das telas, a caracterização é chamada de estilo ou gosto pessoal, e sua interpretação pode variar de acordo com a época, a cultura e as tendências, entre outros fatores. Como vimos, mudanças nos padrões dessa primeira camada externa podem induzir mudanças de personalidade e até mesmo de mentalidade.

PERSONALIDADE é a afirmação de quem somos "para fora", enquanto **MENTALIDADE** é a afirmação de quem somos "para dentro".

Ambas se afetam mutuamente. Muitas vezes, só conseguimos comunicar uma mudança de postura ou de novas orientações subjetivas com algum código externo aparente, e vice-versa.

Forma se torna linguagem.

Linguagem, quando repetida, se torna hábito.

Hábito, quando adquirido, se torna identidade.

SOCORRO, NÃO ESTOU SENTINDO NADA
X
EU SINTO MUITO

O rosto humano conta com cerca de quarenta músculos capazes de reproduzir diversas expressões distintas. Cada movimento facial é uma combinação improvisada entre músculos e memória, gestos e significados. E, para cada um deles, o cérebro realiza milhares de conexões neurais que mediam o que sentimos e o que mostramos.

Mas nem todos operam com o mesmo roteiro. Há quem sinta – e se expresse – por trilhas bem diferentes das quais a maioria de nós aprendeu a seguir.

Com o sucesso das obras de *true crime* no audiovisual, é comum encontrarmos personagens marcadas pelo chamado transtorno de personalidade antissocial (TPA), termo clínico que engloba características que, ao longo dos anos, se popularizaram como sintomas de psicopatia ou sociopatia.

Mas a neurociência contemporânea nos convida a olhar além dos rótulos. Como explica Joseph LeDoux, neurocientista estadunidense conhecido por seus estudos sobre circuitos de sobrevivência, o TPA não se caracteriza apenas por ausência de emoção, mas pela forma como o cérebro afetado pelo transtorno processa e categoriza determinadas experiências. Em seu livro *Mentes perigosas: o psicopata mora ao lado* (2008), a psiquiatra Ana Beatriz Barbosa Silva corrobora essa investigação.

Pessoas com esse diagnóstico costumam apresentar um padrão afetivo diferente, priorizando estratégias de autopreservação que podem ser lidas como frias ou manipulativas. O que acontece nesses casos é que os caminhos neurais responsáveis por provocar sentimentos de empatia, culpa e remorso são menos acessados pelo cérebro – algo que não acontece por uma "maldade inerente", mas pelo fato de as formas de organização interna se basearem em outras lógicas. Esses indivíduos também podem ter dificuldades em seguir normas sociais, demonstrar sentimentos de forma previsível e assumir responsabilidades emocionais. É importante sublinhar, no entanto, que nem todas as pessoas com diagnóstico de TPA são agressivas ou violentas. Muitas vezes, trata-se apenas de outra forma de operar o mundo emocional – mais silenciosa, estratégica, invisível.

O diagnóstico de TPA deve ser feito por profissionais de saúde especializados, com base em critérios clínicos estabelecidos pelo Manual Diagnóstico e Estatístico de Transtornos Mentais (DSM-5).[24]

Com esse breve contexto, é possível imaginar o quão desafiador foi quando preparei um ator para interpretar um assassino em série. Afinal, como construir ação quando a emoção não se revela nos moldes convencionais? No início, trabalhamos a neutralidade expressiva, uma suspensão intencional dos sinais emocionais usuais. Exercitamos o silenciamento do rosto, a contenção dos gestos e a modulação física de rotas afetivas mais conhecidas. Não se tratava de não sentir, mas de sentir por vias menos visíveis. Para entrar

---

[24] O DSM-5 é uma publicação utilizada por profissionais de saúde para identificar e classificar transtornos mentais. Embora tenha sido criado nos Estados Unidos, o manual é utilizado como referência clínica e acadêmica por muitos especialistas ao redor do mundo. No Brasil, opera em conjunto com a Classificação Internacional de Doenças (CID-11), adotada oficialmente pelo Sistema Único de Saúde (SUS). Vale lembrar que ambos são instrumentos classificatórios, e não sentenças absolutas sobre o funcionamento psíquico.

na mente daquela personagem, era importante incorporar a ausência de remorso como quem não enxerga o outro como um igual, mas como um obstáculo que o afasta do poder ou como um troféu pessoal.

Em nossos processos de ensaio, buscamos compreender primeiro como a personagem trabalhava o próprio pensamento para planejar seus crimes, partindo para desvendar o sentimento de injustiça que a dominava e, por fim, para descobrir a emoção que a havia forjado no passado – nesse caso, o medo de não ser amada. Trabalhamos a personagem camada a camada, a partir de fisicalidades e de três pontos fundamentais: a privacidade (suas necessidades reais, ou quem ela era quando ninguém a via), o cotidiano (suas máscaras sociais, ou quem ela demonstrava ser ou como gostaria de ser vista) e os crimes (o eu-épico, ou a conquista de suas necessidades reais, seu momento de glória). O ator construiu uma personagem marcante, na qual pudemos ver o funcionamento social e íntimo de um criminoso diagnosticado com este transtorno.

Assim como existe a ausência de expressão emocional, há os casos opostos, ou seja, pessoas cujos sentimentos transbordam sem contenção. Considero a expressão "sinto muito" interessante não apenas por ser uma demonstração de empatia, arrependimento ou condolências, mas por também ser uma confissão íntima de sobrecarga afetiva e fardo emocional. Ou ainda, como diz Clarice Lispector em seu livro *Água viva*, uma pessoa incumbida, que toma conta do mundo e é responsável por tudo que existe.

Certa vez, trabalhei com uma atriz bastante conhecida que estava passando por um momento pessoal muito delicado. Quando ela adentrava o set, fazia-se um silêncio denso, e o restante da equipe, ciente de sua situação vulnerável, não sabia para onde olhar ou o que fazer. Lágrimas caíam do rosto dessa atriz em momentos inesperados, e o que a fazia sorrir era surpreendente. Era nítido que sua saúde mental estava abalada e sua membrana afetiva estava porosa, pois, antes mesmo de começar a ensaiar, só de se posicionar em cena, ela chorava copiosamente. Estava à flor da pele, prestes a explodir pelo excesso de emoções e sentimentos, indo na contramão do que a cena pedia.

Atuar em uma situação de tamanha vulnerabilidade pode ser tão ou mais difícil do que trabalhar o corpo para não demonstrar emoção alguma. Esse caso me levou a refletir que os atores precisam estar bastante conscientes de suas possibilidades e limites. Para essa atriz, seria muito desafiador interpretar, naquele momento, uma personagem pouco expressiva emocionalmente.

É que o ator não é apenas a emoção, mas quem dá passagem a ela, quem lhe empresta carne, músculo, fôlego e memória. Seu sistema nervoso serve de veículo para a travessia da personagem, e é preciso estar sempre em contato com o próprio acelerador, freio e volante para evitar acidentes.

SOMOS TODOS PERSONAGENS

A vida cotidiana é o palco em que o "eu" é ensaiado, apresentado e, às vezes, improvisado.
Erving Goffman

Todos nós interpretamos personagens diariamente.

As múltiplas máscaras sociais que escolhemos – ou que nos são atribuídas – ao longo da vida são o resultado de experiências, aprendizados, contextos sociais e culturais, desejos e traumas. Esse somatório de fatores coletivos e individuais forja o **SUJEITO-PERSONAGEM** que somos.

Somos personagens porque entramos no campo das expectativas do outro. Já reparou que, entre pessoas que o consideram mais inteligente ou engraçado, por exemplo, você realmente corresponde a essas ideias? Isso acontece porque suas crenças sobre si mesmo são atravessadas pelas crenças dos outros sobre você. Assim, transitamos entre máscaras sociais de modo quase sincronizado, alternando-as de acordo com os papéis exigidos pelas situações que vivenciamos ou com os círculos de pessoas com quem convivemos.

Não restam dúvidas de que somos o que aprendemos, nem de que os primeiros contatos com regras sociais dessensibilizam nossa natureza intuitiva. Quando um bebê nasce, ele é puro corpo, pura fisiologia; à medida que cresce, suas emoções são reprimidas neste mesmo corpo. Por isso digo sempre que educar uma criança significa deseducar o animal humano. Nascemos como tábula rasa, página em branco, e, a partir do sistema familiar em que estamos inseridos – da educação que recebemos, das ideias que nos são transmitidas, dos traumas e conquistas que experimentamos, do nosso convívio social e de tudo que ouvimos, vemos, concluímos e absorvemos como verdade –, adquirimos nossa lista de crenças. Esse sistema estruturante é o suficiente para organizar nossa visão individual de mundo.

Podemos dividir as crenças em algumas categorias principais:

Hereditárias: formadas a partir do que é absorvido pelo indivíduo, desde a infância, de seu sistema familiar. Em geral, o que se diz a uma criança após o verbo "ser" é rapidamente adotado como verdade. Essas crenças são tão fortes que, normalmente, contêm a "falha trágica", a hamartia dos nossos destinos. "Eu sou" é um mantra pessoal, uma espécie de profecia. No contexto de formação da identidade das crianças, o mesmo vale para "Você é", já que nos entendemos nessa fase a partir da percepção e da validação do outro. São exemplos de frases de impacto: "Você é inteligente", "Você é criativo", "Você é um bom aluno", assim como "Você não faz nada direito", "Você é preguiçoso demais para ir bem na escola", "Você é burro", "Você nunca termina o que começa".

Sociais: são as crenças impostas pela sociedade, incluindo as centenas de informações com as quais somos bombardeados diariamente nas redes sociais. As crenças sociais têm a ver com padrões estéticos, etários, de gênero/sexualidade e de consumo, e trazem termos comparativos com os quais julgamos nossos corpos, nossas atitudes, nossos relacionamentos e nossa vida social como um todo. Podem ser disseminadas como verdades inconscientes por meio de comportamentos arraigados e campanhas de marketing, sendo corroboradas pelo que consumimos nas mídias e até mesmo pela ausência de representatividade nestas. São exemplos de crenças sociais afirmações como: "Sou velho demais para voltar a me relacionar", "Sou gorda demais para usar essa roupa", "Homens não choram", "Mulheres precisam se dar ao respeito".

Culturais, morais ou religiosas: são similares às crenças sociais, mas com aspectos regionais e religiosos. O conjunto de características culturais e dogmas religiosos é responsável por manter tradições importantes para a identidade de um povo, mas também por criar medidas de juízo de valor que podem restringir o pensamento das comunidades. Se levadas ao extremo, podem se tornar perigosas, motivando embates e guerras em defesa da soberania de um só olhar acerca do que é tido como certo. São exemplos: "Isso é pecado", "Deus castiga", "Deus ajuda quem cedo madruga", "Ladrão que rouba ladrão tem cem anos de perdão", "Quem espera, sempre alcança", "Deus é bom o tempo todo".

Embora as crenças sejam diferentes em termos de intensidade e poder, quanto mais centrais elas são em nossa formação, mais resistentes serão a mudanças. Inicialmente, formamos nosso sistema de crenças e, depois, passamos a vida em busca de evidências que nos digam que estamos certos. Nosso cérebro opera no modo "eu te avisei", motivo pelo qual filtramos o mundo de acordo com nossas convicções.

É por isso, também, que toda personagem, seja no teatro ou na vida, é um conjunto de estruturas adquiridas como verdades absolutas ao longo da sua trajetória.

DESAFIO DE CRENÇAS

Não vemos as coisas como elas são, mas como nós somos.
Anaïs Nin

O cérebro humano é como um computador sofisticado. Dentre suas muitas funções, é ele o responsável por registrar nossas impressões do mundo, desenvolvendo uma lógica própria, com base em nossos aprendizados e experiências, para formular respostas adaptativas para as diferentes situações que vivemos. Esse "*software*" pode ser usado tanto para nos potencializar quanto para nos sabotar. Gravamos opiniões positivas e negativas dos outros a nosso respeito, bem como nossas impressões do mundo. Todas essas definições são arquivadas e classificadas segundo um sistema de valores, baseado em nosso sistema de crenças.

Quando crianças, achamos que o mundo é uma extensão da nossa casa. Eu, por exemplo, custei a acreditar que nem todos os pais eram artistas plásticos, já que, para mim, o universo era a réplica da minha experiência. Esse é nosso primeiro choque narcísico: entender que o mundo não gira ao nosso redor. Na adolescência, esse impacto é ainda maior quando entendemos que existem realidades completamente diferentes da nossa e ativamos nossa noção de comparação. A partir daí as informações registradas pelo nosso computador tornam-se o parâmetro com o qual lemos o mundo. Tudo passa a ser visto através dessa lente pela qual julgamos, ouvimos e filtramos a realidade.

Todos temos esse *script* desenvolvido na primeira infância por influência familiar e social. Em meus atendimentos, vejo como é difícil – e necessário – desafiar nossas crenças.

Certa vez, atendi um autor talentoso que, após os 40 anos, se viu paralisado em seu processo de escrita. Por meio da hipnose, identificamos o momento exato da origem de sua crença limitante: aos 20 anos, uma cartomante lhe disse que ele perderia sua criatividade depois dos 40. Seu cérebro arquivou essa frase como uma profecia definitiva. Por isso digo e repito que precisamos ter muito cuidado com o que ouvimos sobre nosso futuro, pois basta uma afirmação negativa para marcar uma vida para todo o sempre.

No trabalho de reprogramação, usamos o desafio das afirmações por meio de perguntas como: "Essa alegação é real?", "É possível prever como uma pessoa estará em vinte anos?", "Acreditar nessa profecia traz algum benefício?", "Existe alguma crença alternativa mais útil para este momento?".

O autor em questão topou o desafio e trabalhou a reconfiguração de sua mentalidade ao longo de várias sessões de hipnose. Seis meses depois, eu o encontrei na estreia de sua peça mais exitosa. Como diz Michael Merzenich, neurocientista estadunidense pioneiro nos estudos de neuroplasticidade, o cérebro é capaz de modificar-se mesmo depois de muito tempo condicionado. Esse é um dos mistérios da nossa biologia emocional. Somos mais filme que fotografia.

Em outra ocasião, trabalhei com um produtor cuja família viabilizava projetos culturais. Ele me confidenciou que, em dada ocasião do passado, havia descoberto que sua tia utilizara os recursos de um projeto que os dois tinham em conjunto para necessidades pessoais. Anos depois, essa memória se transformou em um alarme silencioso: sempre que pensava em buscar financiamento para seus projetos culturais, algo dentro dele travava, tornando difícil se expressar verbalmente, cumprir prazos ou articular aliados. Seu cérebro havia associado, deliberadamente, a busca por patrocínio a um risco de perda afetiva.

Depois de identificarmos a origem dessa crença limitante, conseguimos criar, nos atendimentos seguintes, novos sentidos para o patrocínio, fazendo com que ele enfim se libertasse da associação entre amor familiar e êxito profissional. A situação desse produtor me remete à imagem de um rio contido por tábuas: ao remover as barreiras, a água irrompe com força, levando os escombros do medo e recuperando seu curso natural. Casos assim são mais comuns do que se imagina, já que com frequência o sistema familiar impera silenciosamente em nossas decisões.

Como explica Joseph LeDoux, muitas de nossas respostas emocionais são geradas por memórias implícitas no cérebro límbico, que podem ser ressignificadas quando desafiadas por novas experiências conscientes. Por isso é essencial investigar o que afirmamos com sinceridade, posto que muitas certezas têm raízes em heranças emocionais que já não condizem com nossa realidade atual.

A expressão facial de quem se liberta de uma crença limitante é uma das imagens mais potentes no processo de desenvolvimento humano: surpresa, alegria, rompimento e, às vezes, culpa. Esta é, sem dúvida, uma das minhas maiores alegrias: ver vidas voltarem a existir em fluxo.

Comportamento é o resultado daquilo que lembramos (memórias) e daquilo que desejamos alcançar (visão inspirada de futuro). Quando removemos as velhas tábuas de nossas crenças limitantes, voltamos a fluir livremente.

CONHECE-TE A TI MESMO

Já vimos que somos uma manifestação de nossas emoções e nossos sentimentos mais repetidos. Nossas expressões faciais parecem prender-se ao nosso rosto, quase literalmente como máscaras. Se uma pessoa costuma ser amorosa e doce, seu corpo e a melodia de sua voz comunicarão isso. Em termos de fisionomia, é provável que ela tenha olhos levemente caídos e rugas nos cantos da boca e no pescoço, adquiridas pela repetição da fisicalidade do afeto/ternura. Ao se preocupar com o que o outro está dizendo, ela se inclinará para a frente e franzirá a testa, como quem comunica "Continue, estou ouvindo com atenção". É provável que ela esteja, também, habituada a rir de coisas que nem acha graça, apenas por empatia ou necessidade inconsciente de ser aceita. Uma pessoa controladora, por outro lado, tem na voz um tom de "ponto-final", e provavelmente apresenta, no rosto e no corpo, sinais de quem não se importa tanto com a opinião do outro, como uma tendência a piscar muitas vezes ou uma postura enrijecida do tórax para cima, além de uma gestualidade mais afirmativa e menos inclinada ao outro.

No teatro e no audiovisual, um ator com máscaras marcantes dificilmente será chamado para interpretar personagens com características diferentes das suas próprias, já que é difícil impor a alguém de personalidade mais afetuosa uma melodia de comando, e vice-versa. Isso nos mostra como é importante compreender a **ENERGIA QUE MANIFESTAMOS**. Se queremos promover mudanças em nossas vidas, é fundamental a auto-observação das nossas emoções e de suas respectivas manifestações corporais, buscando entender o que as causam e o que elas nos provocam. A enigmática frase no templo de Apolo em Delfos, "Conhece-te a ti mesmo", é o princípio e o fim do processo proposto neste livro. É preciso conhecer nossos próprios tesouros enterrados para provocar transformações reais.

Monoânima

Um bom ator sabe que interpretar uma pessoa abusadora não se resume a imprimir "maldade" no olhar. Muitas vezes, o abusador é justamente um sociopata funcional, podendo se apresentar como alguém tímido, indefeso ou mesmo brilhante. Nesse sentido, resumir uma personagem tal qual Ted Bundy, por exemplo, a um *serial killer* seria sujeitá-la a apenas uma máscara, sem, no entanto, defini-la.

Bundy era adorado por seus pares, dotado de extrema inteligência e carisma. Ele escapou da prisão duas vezes e enganou e manipulou diversas pessoas para sair impune de seus crimes. Resumi-lo a uma característica única – ser um *serial killer* – é fugir da realidade de sua natureza diversa, confinando-o a uma "monoidentidade". A isso chamo de monoânima, ou alma única.

Assim como estamos sujeitos a mudanças constantes, moldados por nossas necessidades reais e máscaras sociais, as personagens ficcionais também não têm uma só alma. Se a natureza humana é dinâmica e múltipla, e se indivíduos reais estão sempre em busca de algo, o mesmo ocorre com as personagens. Como aponta a pensadora e escritora Chimamanda Ngozi Adichie, o risco de contarmos uma única história sobre alguém ou sobre um acontecimento é o risco da simplificação extrema, da redução de complexidades a estereótipos. Uma única narrativa engessa e silencia nuances.

Muitos atores confundem o objetivo da personagem com o que ela conquista ao final do roteiro. Em meus atendimentos, quando pergunto qual o propósito de determinada personagem, muitos respondem "casar-se com seu par romântico" ou "ganhar dinheiro". Mas essa é apenas a parte óbvia da história. É o que todos sabem ou saberão daquela personagem ao assistir à obra. Minha pergunta, no entanto, está direcionada ao que a personagem esconde: o que ela ganha ao se casar? Do que está buscando se curar? Sua decisão se baseia em amor ou em agradar alguém?

Tais respostas dizem respeito a personagens ficcionais, mas que refletem necessidades verdadeiras, profundas e reais. Ao final dessa investigação, percebo que a estrada geralmente se bifurca em dois objetivos principais: amor e poder. E, no fim do caminho, ambos os desejos podem esconder a mesma coisa: a necessidade real de ser amado.

A falta de autoconhecimento e de entendimento de por que agimos como agimos, de por que lutamos ou aonde queremos chegar provoca em nós um sentimento de vazio ou de falta de sentido, nos levando a questionar, muitas vezes, por que devemos continuar vivendo. É claro que, quando percebo em meus *coachees* algum sinal de sofrimento mental, sempre os oriento a buscar suporte especializado, seja na psicologia ou na psiquiatria. Mas há casos em que essa falta de sentido, mesmo se assemelhando a um quadro depressivo, reflete o que chamo de síndrome de escassez de propósito.

Muitas vezes, ao tentarmos resolver um problema, focamos tanto no problema em si que esquecemos o que realmente desejamos. Proponho, então, a seguinte reflexão: se um gênio da lâmpada, essa criatura mítica a quem nada é impossível, lhe concedesse um desejo agora, o que você pediria? Analisando a natureza desse desejo, você diria que sua resposta foca em uma solução imediata, que resolverá seu problema momentaneamente, ou em uma solução de longo prazo, que dará a você as ferramentas necessárias para enfrentar o que quer que a vida lhe reserve no futuro?

Falta de tempo, de motivação ou de recursos para realizar algo podem ser apenas cortinas de fumaça ofuscando seu propósito principal. Infelizmente, a palavra "ambição" foi sequestrada de sua grandeza; ela não raro nos remete a algo mesquinho, redesenhada por contornos religiosos, morais e culturais de nosso tempo. Mas ter ambição é desejar perseguir o que nos inspira. E, quando falo em objetivos, não me refiro a desejos megalomaníacos de dominação do mundo, mas de uma vasta gama de possibilidades que pode ir desde inspirar gerações com nosso trabalho ou plantar um jardim a criar alguém com amor.

PROPÓSITO é um bem muito valioso e norteador. É o chamado que mobiliza nossos dons, a bússola que dá sentido e direção ao tempo e à vida, a força que conecta nossa existência ao que sentimos como verdadeiro e valioso. É um instrumento de bem-estar e de sentido, o que nos faz acordar todos os dias. Propósito não é apenas o que você faz, mas o motivo de querer fazer. É diferente de profissão, de ação. É aquilo que, mesmo nos momentos difíceis, dá sentido à nossa vida. O propósito de uma cabeleireira, por exemplo, pode ser aumentar a autoestima das pessoas, enquanto o de um ator pode ser inspirar as pessoas a olharem para a própria história. À medida que essa visão inspiradora se clareia – ou seja, quando paramos de focar nos obstáculos –, nossa vida instantaneamente passa a fazer mais sentido.

Ao longo da minha experiência profissional, fui percebendo que o verdadeiro propósito costuma beneficiar mais pessoas, não apenas a nós mesmos, fazendo com que toda a egrégora de suporte e apoio mútuo gire com maior velocidade. Uma pessoa que entende que é parte de uma grande colmeia e que tem importância nesse jogo ilumina-se à medida que ilumina o outro.

Mas falta uma camada mais profunda no *iceberg* emocional: qual é o **LEGADO** das suas ações? O que você está plantando no mundo? Essa resposta é a inspiração profunda, silenciosa e oculta do que realmente te move.

Propósito **DESPERTA**,
mas legado **SUSTENTA**.

AS PERGUNTAS OCULTAS

Foi no meio de uma sessão que uma de minhas *coachees* entendeu que nunca havia recebido amor, reconhecimento ou admiração da mãe. O único elo entre as duas estava no fato de que ela, aos 50 anos, ainda dependia financeiramente da mãe. Era uma pessoa brilhante, inteligente, bem-humorada, que havia morado no exterior por anos a fio e estava realizando um trabalho tão diferenciado que, se eu descrevesse sua especialização, ela seria facilmente identificada. Seu propósito de vida estava claro. No entanto, ainda havia emoções escondidas que a impediam de vivê-lo plenamente, e por isso ela vivia sempre em escassez financeira.

Essa aluna nunca conseguia se desvencilhar da dependência da mãe. Se fosse uma personagem, muitas atrizes a leriam de forma monofônica, monoanímica, limitada: uma mulher frustrada e provavelmente sem brilho, submissa à figura materna. Mas o que essa personagem esconde em sua profundidade? Quais são suas perguntas ocultas, seus desejos mais profundos? Neste caso, era o amor da mãe, mesmo que ele viesse através do dinheiro.

Muitas vezes, a investigação de uma necessidade real vem através da seguinte reflexão: **O QUE VOCÊ PERDE QUANDO GANHA?**

Até então, minha aluna acreditava que ganhar significava ter um trabalho e conquistar reconhecimento. Mas, caso isso acontecesse, sua perda seria enorme. Caso algum de seus projetos profissionais vingasse, ela perderia, ainda que inconscientemente, o amor da mãe.

Isso nos leva à próxima reflexão: **O QUE VOCÊ GANHA QUANDO PERDE?**

A resposta é simples no caso dessa *coachee*: ela fracassava profissionalmente e ganhava o que considerava ser a única forma de amor de sua mãe.

Ambas as perguntas nos ajudam a clarear o que nos impede internamente de chegar a um objetivo. Um bom exercício para encontrar nossas próprias respostas é pensar em nós mesmos como personagens de uma produção audiovisual, analisando, por exemplo, a paleta de cores que define o figurino, o estilo de se vestir, que padrões comportamentais ela repete, que máscaras sociais utiliza, que loucuras sua alma já precisou viver para se curar, de quais perguntas familiares ou pessoais ela tenta se libertar, o que ela herdou da infância e já incorporou à sua personalidade, entre outros questionamentos que só você saberá responder.

Cada vez que projetamos nossa vida para fora, em forma de personagem, ampliamos a percepção e permitimos que verdades ocultas venham à tona. Quando oriento meus alunos nesse processo, as sessões costumam ser profundamente reveladoras. É nesse instante, ao se enxergarem com distanciamento, que as pessoas começam a retomar o protagonismo de suas escolhas.

"IDADE MÍDIA" E INTELIGÊNCIA ARTIFICIAL

Em 2019, foi anunciado que James Dean, ícone do cinema mundial que morreu em 1955, seria "ressuscitado" por meio de inteligência artificial para protagonizar *Finding Jack*, um filme sobre a guerra do Vietnã. Em 2024, o cantor e compositor Chico Science, que morreu em 1997, voltou holograficamente para um show histórico no Carnaval de Recife. Esses são apenas alguns exemplos de como saímos de uma era em que o conteúdo era a moeda de troca mais importante para um período em que a experiência emocional ganha protagonismo nas relações humanas.

O conhecimento está perdendo lugar à mesa para o universo das sensações. A gamificação do ensino, por exemplo, é outra prova disso, nos mostrando como a experiência sensível pode ser condutora do aprendizado. Na Coreia do Sul, por exemplo, milhares de alunos do ensino fundamental e médio já participam de atividades científicas em salas de exibição virtual, por meio de uma plataforma chamada Gather Town, aprimorando seus conhecimentos à medida que exploram um mundo virtual interativo com seus avatares.

A experiência de "realidade ampliada" é um dos grandes trunfos da inteligência artificial. Com poucos comandos, podemos experimentar a sensação de surfar nos anéis de Saturno, lutar ao lado de super-heróis ou testemunhar a descoberta do fogo. E o interessante é que tais experiências podem impactar nosso cérebro de forma tão intensa quanto uma vivência real.

Atores, como já vimos, treinam há milênios essa habilidade de acessar a imaginação para experimentar emoções autênticas em personagens ficcionais. Será que, ao possibilitar a vivência de outras situações, a inteligência artificial nos dará a chance de interpretar novas identidades?

De certa forma, pode-se dizer que sim. Acredito que, com filtros de imagem cada vez mais realistas e a ferramentas de inteligência artificial mais capacitadas para aprender com base nas experiências humanas, em breve será quase impossível distinguir um indivíduo real de sua projeção digital.

Nesse sentido, a simulação poderá atuar como um campo de treino: ao experimentar uma versão potencializada de si, é provável que o indivíduo se sinta mais apto a replicar comportamentos no mundo real.

Uma pessoa tímida poderá, por exemplo, ser mais ousada socialmente através de seu avatar, assim como um indivíduo solitário poderá se beneficiar da sensação de companhia de pessoas do mundo todo. Mas será que, depois de experienciar esse ensaio simbólico com sua autoimagem expandida e confiante, em realidade virtual, as pessoas teriam dificuldade em voltar para a vida real? Ou será que, enquanto avatares, protegidas por aparatos virtuais, com o corte de cabelo que sempre desejaram, o estilo que sempre sonharam, a sexualidade bem resolvida, elas agiriam como sua persona *offline*? Será que conversariam com quem não pertence à sua bolha de amizades ou atentariam contra outros avatares?

Aliás, quem é você na fila do metaverso? Alguém parecido com sua persona no mundo real ou totalmente diferente?

Enquanto analisamos os lados positivos e negativos da imersão nos universos cibernéticos, podemos tratar de ampliar nossa personagem ao formatar novas autoimagens, mesmo que isso signifique mudar o trajeto diário para o trabalho, provar uma comida de outra cultura, ressignificar um evento no passado, pensar por um ponto de vista diferente ou aprender um novo passo de dança. Tudo isso pode ser matéria-prima para uma **REPROGRAMAÇÃO NEURAL** à medida que estimula sentimentos de compaixão e cura e amplia as compreensões de si e da própria existência.

A ARTE DE LIGAR O NAMASTÊ

O palco e o tapete de ioga têm muito em comum: ambos promovem o foco absoluto no agora por meio de ferramentas parecidas, como respiração para regulação emocional, consciência postural, gestos intencionais, auto-observação, disciplina, perseverança e repetição. Quem já praticou ioga sabe que resistir à urgência de escapar de posturas difíceis ajuda a desenvolver tolerância e resiliência além de provocar desbloqueios emocionais imediatos. Eu mesma já tive *insights* vibrantes enquanto praticava posturas dolorosas. Peter Brook e Stanislavski chamam a isso de "suportar a verdade do momento". Em última análise, atores e iogues utilizam o corpo como instrumento de expansão e expressão.

Minha relação com a ioga começou aos 11 anos, levada pela sabedoria intuitiva da minha mãe. Essa experiência inaugural tornou-se não apenas uma prática, mas uma filosofia que permeia minha vida pessoal e profissional. Durante quase vinte anos, pratiquei e estudei incessantemente, chegando até a dar aulas. Meu pacto com a gentileza se sedimentou aí, por meio do estudo dos preceitos do ainsa, virtude ética fundamental da cultura indiana que prega a não violência, o acolhimento e o respeito pelos seres vivos. Assim, a ioga se tornou uma das lentes através das quais enxergo o mundo.

Ioga e teatro me ensinaram que gestos têm poder. O Mudra, ato de unir a palma das mãos em frente ao coração, mais conhecido como Namastê, reverbera como um código simbólico que comunica "reconheço com aceitação o sagrado que habita em você".

As ássanas, ou **POSTURAS PSICOFÍSICAS**, invariavelmente revelam nosso estado psíquico no agora. A neurociência contemporânea, por meio do estudo da corporeidade, confirma o que as tradições orientais sempre souberam: corpo e respiração modulam emoções e reconfiguram estados internos.

Todas essas práticas, quando bem integradas, contribuem para ampliar o repertório do ator, do iogue ou de qualquer pessoa que esteja em busca de reconexão com o próprio eixo interno.

A LINHA AMARELA DA DISNEY

Nos parques da Disney, há um detalhe quase imperceptível ao público, mas fundamental para o entretenimento. É a chamada "linha amarela da Disney", que divide dois mundos: de um lado está o caos dos bastidores, e, do outro, o encantamento absoluto da plateia. Os funcionários dos parques sabem que, ao cruzar a linha de encontro ao público, devem deixar para trás suas preocupações, dores e distrações, seja interpretando príncipes, vilões ou mascotes. Uma vez incorporadas as personagens, assume-se uma única missão: sustentar a magia.

A linha amarela é uma herança concreta do teatro clássico e de seus rituais de iniciação. Há, na arte dos palcos, um limiar entre o cotidiano e a cena, entre o eu-biográfico e o eu-épico. Transitar entre esses espaços exige preparação, já que o gesto de atravessamento dos limites transforma a qualidade da presença. No teatro, refere-se ao transe de Grotowski, ao estado de criação de Stanislavski, à entrada no *flow* descrita por Csikszentmihalyi. Na neurociência, é a ativação de redes específicas para a performance, a construção de uma relação com o olhar do outro.

Indo além dos parques temáticos, carregamos dentro de nós inúmeras linhas amarelas. Lugares, músicas, cheiros, toques, imagens, pessoas, atores sociais, todos esses elementos podem ser âncoras que funcionam como portais entre diferentes estados emocionais. Não por acaso, a programação neurolinguística se apropriou do conceito de "ancoragem", termo usado para definir o processo pelo qual se aplica um estímulo – em geral, gesto, toque ou som – capaz de evocar um estado interno previamente treinado. É técnica e, ao mesmo tempo, poética: tanto personagens quanto atores podem aprender a criar as próprias linhas amarelas intencionais.

Talvez nunca tenhamos sido tão compelidos a trafegar entre diferentes papéis como no mundo contemporâneo. O sociólogo e antropólogo canadense Erving Goffman já alertava para a dimensão performativa da vida social: nenhum de nós é "um", permanentemente. Ao contrário, somos múltiplos, alternamos papéis com a destreza (ou o sofrimento) de quem precisa habitar simultaneamente a intimidade e o espetáculo, a solidão e a exposição, o instinto e o protocolo.

Ao considerar o poder ritualístico da linha amarela, temos a consciência de que existir também é performar, e que saber habitar essas transições com integridade é uma das formas mais belas e resilientes de arte e vida.

TREINO MENTAL PARA NÃO ATORES

Atuar é a habilidade de viver com verdade sob circunstâncias imaginárias.
Sanford Meisner

Você conhece alguém que se sente paralisado ao precisar falar em público? Alguém cuja adrenalina dispara ao menor sinal de interação com o outro? Se você nunca se deparou com esses obstáculos sociais, considere-se uma pessoa de sorte, pois, para alguns, o simples fato de perguntar as horas para um desconhecido na rua pode desencadear um sentimento de quase morte. Nesses casos, o indivíduo pode sofrer de taquicardia, sudorese, respiração encurtada, descontrole de deglutição salivar, gaguejamento, tremor e dilatação das pupilas, entre outros sintomas físicos decorrentes da descarga de adrenalina no organismo. Mas como seria se, em momentos de nervosismo, essas pessoas pudessem substituir sua identidade pela de alguém confiante e desinibido?

No meu trabalho, presenciei muitas situações críticas relacionadas a reações sintomáticas de descarga de adrenalina, desde atores iniciantes que se desregulam em audições até outros, já famosos, que desenvolvem pavor de dar entrevistas. A partir dessas observações, comecei a explorar o conceito de alter ego, ou substituição de personalidade. Enquanto o ego é nossa personalidade principal, o alter ego se refere a uma identidade alternativa, com opiniões, emoções e crenças diferentes das que normalmente expomos ao mundo.

A cantora Beyoncé, por exemplo, sabe bem o que é ter uma "segunda personalidade". Criada com uma educação rígida, ela entendeu desde cedo que seria preciso um punhado de ousadia para ocupar o posto de estrela mundial da música *pop*. Beyoncé, que sempre sofreu com a própria timidez, teria que praticamente se tornar outra pessoa, tamanha a distância entre quem ela era e quem almejava ser. Instintivamente, a artista criou uma personagem sensual, corajosa, cheia de atitude, para se apresentar nos palcos. Nasceu, assim, Sasha Fierce, seu alter ego.

São muitos os artistas que já incorporaram outras identidades para lidar com o palco. O camaleão David Bowie corporificava Ziggy Stardust; Lady Gaga tem seu alter ego masculino, o italiano teatral e nervoso Jo Calderone; Madonna, na fase do álbum *Erotica*, encarnava uma persona inspirada na atriz alemã Dita Parlo; Fernando Pessoa tinha heterônimos com personalidades totalmente distintas. Ponto em comum entre eles é a afirmação de que seus alter egos falam e pensam de maneira distinta quando incorporados. Beyoncé chegou a afirmar em entrevistas que, quando incorporada por Sasha, é capaz inclusive de atingir notas mais agudas.

A humanidade é um manancial de descobertas.

Certa vez, trabalhei com um aluno que estava enfrentando dificuldades para tomar uma decisão importante. Em uma de nossas sessões, pedi a ele que convocasse três pessoas para aconselhá-lo na resolução. Ele então convocou a mãe (já falecida), o Tim Burton e o Aquaman. Pode parecer absurdo, mas, a partir dessa experiência, esse rapaz enxergou a própria situação de ângulos muito inusitados.

Essa prática tem algo de inteligência artificial, mas aplicável ao mundo real. Por isso defendo que não devemos temer praticar a alternância de identidades de forma propositiva e criativa em nosso benefício. Abrace esse exercício e experimente criar uma voz interna positiva, incluindo particularidades como sotaque, entonação, timbre. Imagine ouvir conselhos de mestres e pessoas que você admira, ou o que a pessoa que mais te ama o aconselharia a fazer em determinado momento.

Com prática e intencionalidade, é possível que sua mentalidade se transforme e que seu mentor interno se torne a melhor das companhias.

TREINO MENTAL PARA ATORES

No teatro, doravante poesia e ciência devem identificar-se. Toda emoção tem bases orgânicas. É cultivando sua emoção em seu corpo que o ator recarrega sua densidade.
Antonin Artaud

Em 2 milhões de anos, nosso cérebro triplicou de tamanho. A massa encefálica do *Homo habilis* pesava cerca de 650 gramas, enquanto nós, *Homo sapiens*, carregamos em torno de 1,5 quilo de cérebro entre as orelhas. Como já vimos, essa sofisticada arquitetura evolutiva nos deu, entre tantas ferramentas, a dádiva do córtex pré-frontal, estrutura responsável pela rara habilidade de simular experiências por meio da imaginação.

Tal resposta adaptativa é uma brilhante tecnologia para ser usada em ensaios mentais. Sua capacidade criativa se transforma em técnica a partir da **SUBSTITUIÇÃO IMAGÉTICA**, um recurso importante para atores que sentem bloqueios na construção de uma personagem. Para ativá-la, proponho dois caminhos. No primeiro, conduzo o ator, em hipnose, a um exercício de visualização: avançamos no tempo até o dia da estreia da obra para a qual ele está ensaiando, guiando-o pela plateia e fazendo-o se sentar para assistir a seus atores favoritos executando seu papel. Nesse exercício, a que chamo de **SUBSTITUIÇÃO POR OUTROS ATORES**, proponho que os *coachees* escolham atores para imaginarem – e copiarem – executando aquele papel. Eles devem se perguntar, por exemplo, que ações Isabelle Huppert ou Viola Davis escolheriam para aquela personagem, ou como Leonardo DiCaprio se moveria naquele espaço cênico, ou que energia Fernanda Torres colocaria naquela cena. Esse jogo imaginativo gera *insights* libertadores para encontrar a própria verdade, como se, a partir da isenção da própria responsabilidade de criar, fosse possível "copiar" as técnicas de atuação de alguém que saberia executar aquele papel com maestria.

No segundo caminho, a que chamo de **SUBSTITUIÇÃO PELO PRÓPRIO ATOR**, o ator se imagina adentrando a cena como observador, orbitando a si mesmo, filmando-se de ângulos diversos, como se sua personagem fosse um avatar em um jogo. Costumo propor que ele escolha um momento crucial da cena – uma decisão, um conflito, um monólogo – para observar detalhes importantes como postura, gestualidade, emoção e presença.

É natural que, no início, o ator não consiga se visualizar com facilidade. Foi o que me ocorreu quando encarnei a protagonista de *RockAntygona* (2011), espetáculo baseado na peça *Antígona*, de Sófocles. Em auto-hipnose, visualizei o teatro: a plateia cheia, o murmúrio do público, o ritual da expectativa. Eu estava ali, mas não conseguia me ver em cena. Insisti. Mentalmente, subi ao último balcão e, sem forçar a imaginação, que ainda me impedia de enxergar, apenas escutei. O som da voz grave daquela Antígona "imaginada" foi meu fio de Ariadne, a forma que encontrei de lidar com meu bloqueio.

Nos ensaios, transferi para o corpo o que até então era apenas som. A princípio, a voz me parecia estranha, como se não viesse de mim. Mas, ao aceitar o processo e permitir a integração, "encontrei" a personagem a partir do timbre da voz. Essa experiência me ensinou uma das maiores lições: o inconsciente encontra soluções quando o ego descansa.

Outro recurso que desenvolvi ao longo dos atendimentos foi a criação das chamadas "duplas evolutivas", personagens complementares que funcionam de contraponto e espelho, ajudando outra personagem a alcançar seus objetivos e permitindo que o roteiro avance nas soluções dos conflitos. Assim como Robin ajuda Batman, ou Balu acompanha Mogli, essas figuras funcionam como catalisadoras de cura e consciência. Quando as duplas estão construídas e as personagens já estão "de pé" e mais seguras, proponho dinâmicas em grupo e improvisos com o restante do elenco, nos quais as personagens interagem, exageram suas marcas e, por fim, desfilam em frente às outras personagens. Cada uma fala seu objetivo em voz alta, reafirmando sua necessidade real. Isso costuma ser inspirador às demais personagens e ilumina as inter-relações. Nada nunca é combinado, e o resultado é sempre mágico. Há sempre alguma descoberta nesse jogo.

Na vida, assim como no palco, também podemos ensaiar outras versões com entendimento e treino. Diante de bloqueios criativos, da dificuldade de se expor ou de enfrentar conversas delicadas, por exemplo, evocar uma personagem interna que tenha sido criada, incorporada e testada em nosso imaginário pode ser uma estratégia concreta para, ao menos, abrir novos caminhos. Não se trata de fingir, mas de experimentar, de criar um espaço transicional de maior organicidade entre o que se consegue ser e o que se gostaria de ser. Quando bem conduzido, esse processo não aliena; ao contrário, pode restituir potência e atitude. A imaginação, como já vimos, pode ser um ensaio de coragem em benefício próprio.

QUEM, QUANDO, ONDE, COMO E POR QUÊ

No trabalho com atores, quando alguém já chega com o texto escolhido e minimamente estudado, a primeira coisa que faço é ouvir o que o artista tem em mente para a construção daquela personagem. Gosto de entender quais potências ele traz, o que pode valorizá-lo ainda mais e quais são as principais dificuldades para trabalharmos juntos.

Começo a investigar se a personagem foi bem compreendida a partir da análise de aspectos comuns mais abrangentes. Faço isso com base na pirâmide de níveis lógicos e neurológicos criada na década de 1950 por Gregory Bateson e trazida para a programação neurolinguística, na década de 1980, por Robert Dilts:

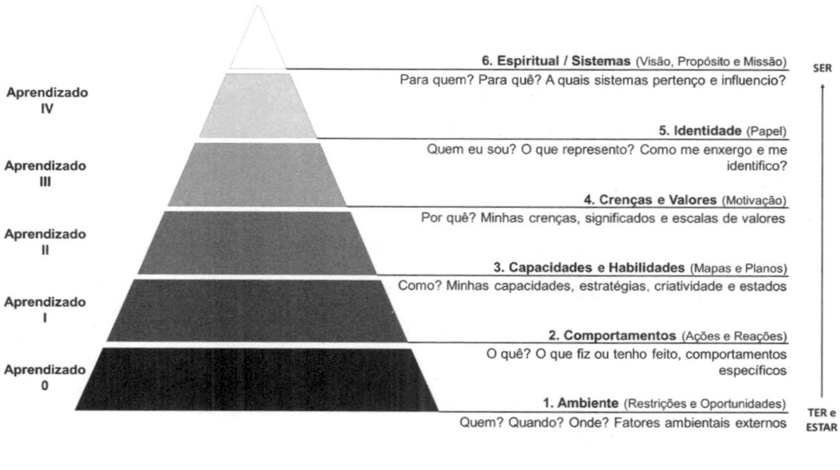

Fonte: adaptado de Bateson (1954) e Dilts (1988).

Quando: o primeiro passo é situar o texto no tempo. Ele se passa em que época? A linguagem é marcada por esse período?

Onde: em que local as personagens estão interagindo nessa cena? Há características que podem influenciar seu comportamento, como ser um lugar escuro, perigoso, movimentado, barulhento?

O quê: refere-se ao que as personagens estão fazendo na cena – se despedindo, se encontrando, brigando, dançando? A partir dessas interações, o que podemos entender que elas significam uma para a outra? O que seus gestos ou palavras provocam uma na outra? O que elas buscam em si e em suas relações?

Como: a partir daqui, tocamos em pontos nevrálgicos da compreensão das personagens. Como a personagem em questão pode se tornar alguém singular? Como seus objetivos a moldam? Como ela age para alcançá-los?

Por quê: por falar em objetivos, o que sua personagem mais deseja e por quê (objetivo geral)? O que ela quer de seus interlocutores (objetivo de cena)? Quais são os principais obstáculos para o desenvolvimento da personagem (desafios)?

Quem: nesse ponto, analisamos a identidade e as necessidades reais da personagem. Quem era ela antes do momento da cena? Quem deseja ser? Quem ela se tornou ao longo do roteiro? É senso de ego.

Para quê: dos objetivos individuais, passamos aos coletivos. Quem divide metas com a personagem em questão? Quem mais se beneficia quando ela as conquista? Quem a atrapalha ou a ajuda, e por quê?

Explorar profundamente as necessidades reais de uma personagem é desvendar sua humanidade mais autêntica. Todo ser, seja real ou fictício, carrega um desejo fundamental que movimenta suas escolhas e norteia seus caminhos mais íntimos. Descobrir tais motivações significa responder a algumas perguntas essenciais: o que essa personagem realmente deseja? Qual é a força motriz que justifica suas ações? Pelo que ela estaria disposta a sacrificar tudo, incluindo a própria vida? Esse é seu **OBJETIVO GERAL**.

Essa investigação precisa ir além da superfície. Cada cena é uma batalha particular travada pela personagem na grande guerra do seu desejo profundo. Ao examinar o **OBJETIVO DA CENA**, portanto, é preciso perguntar claramente: o que minha personagem está buscando agora? Como este momento específico a aproxima ou a afasta do seu objetivo geral? É fundamental entender que a outra personagem em cena não é apenas uma adversária ou aliada ocasional; ela é a chave estratégica para o alcance do objetivo. Por isso, a reflexão crítica deve analisar como usar o interlocutor como trampolim, como persuadi-lo, como envolvê-lo emocionalmente ou manipulá-lo estrategicamente para conseguir o que for preciso. Fazer o outro agir exatamente como o necessário é o coração pulsante da dinâmica dramática.

Mas nenhuma conquista vem sem desafios, e identificar e compreender os **OBSTÁCULOS** que se interpõem à realização do objetivo é crucial. Tais desafios não são apenas externos, mas também internos, ligados aos conflitos emocionais e às limitações psicológicas da personagem. Ao explorá-los, é possível não apenas entender melhor sua complexidade, mas também desenvolver estratégias realistas e convincentes para superá-los ou minimizá-los, ampliando assim a força dramática e a profundidade emocional da atuação.

O obstáculo define o gênero teatral

Nenhuma história existe sem um obstáculo.

Toda narrativa dramática nasce do impedimento de algum desejo: a personagem quer algo, mas o mundo – ou ela mesma – não permite que alcance. É dessa fricção que surge a evolução do roteiro e da vida.

Obstáculo é o que interrompe, desafia, atrasa ou impede. É o corpo invisível contra o qual a personagem se define, e também o que dá à ação sua forma e sua necessidade. A identidade é forjada nos obstáculos. O santo, o herói, o vilão, o guerreiro, todos esses arquétipos são o que são pela maneira que transpuseram seus obstáculos.

Se o roteiro se organiza em torno de um conflito, a natureza do obstáculo (seu tamanho, sua forma, sua força simbólica) é o que determina o gênero da obra.

Na farsa, o obstáculo é minúsculo, desproporcional, surrealista, absurdo, expondo o herói ao ridículo. A queda é física.

Na comédia, esse obstáculo ainda é menor que o herói, mas relevante o suficiente para atrapalhá-lo. Na trama há enganos, atritos, desencontros – a graça está nas tentativas de conciliação do herói com o desafio. A queda é moral.

No drama, ambos são do mesmo tamanho. O obstáculo é digno, resistente, humano. Não há saídas fáceis – o confronto exige perdas, transformações, resiliência, amadurecimento. O herói nunca sai como entrou. A queda é emocional.

Na tragédia, o obstáculo é maior que o herói. É inevitável, absoluto, não sendo possível negociar: ele está instaurado antes de a história começar, é um destino, um fardo, uma herança. A grandeza da personagem trágica é continuar lutando mesmo sabendo que vai perder. A queda é mortal.

O obstáculo, portanto, não é só um elemento da trama, mas o centro ético e emocional da narrativa. Ele está para o ator assim como a rede está para o tenista ou para o jogador de vôlei.

É diante do obstáculo que se mede uma personagem.

> Somos quem somos por causa de nossos **DESAFIOS**, e não apesar deles.

O VENCEDOR DO TÊNIS

Falando em jogadores de tênis, o conceito de *life coaching* é fruto de uma indagação de Timothy Gallwey, tenista profissional que, nos anos 1960, liderou a equipe de tênis da Universidade de Harvard. Durante as partidas, Gallwey se dedicava a avaliar as características de seus alunos. Velocidade, contra-ataque, agilidade e capacidade de defesa eram as habilidades mais evidentes, mas ele percebeu que, em quadra, outro tipo de adversário, mais invisível e perigoso do que aquele do outro lado da rede, se destacava: o oponente interno. Foi baseado nessa observação que ele escreveu, em 1974, o livro que daria origem ao conceito de *coaching*, intitulado *O jogo interior do tênis: o guia clássico para o lado mental da excelência no desempenho*.

Em seu livro, Gallwey levanta questões sobre como trabalhar a insegurança e silenciar aquela voz interna que não cansa de dizer que não somos bons o suficiente.

A partir daí, o autor passou a experimentar formas de arrefecer as muralhas da racionalidade e do controle excessivo. Com os alunos em quadra, em vez de orientar que defendessem as investidas do adversário, o treinador pedia que eles se ocupassem com a ludicidade do jogo. Havia algumas estratégias para isso, como criar um som para o movimento do saque – por exemplo "Para... pá!" – e associar a bola batendo na raquete a um som agradável. O objetivo de Gallwey era ressignificar o estímulo da ansiedade, quebrando relações de causa e efeito na experiência racional do jogador. Acertar deixou de ser o principal objetivo em quadra; o importante era distrair a mente consciente e deixar o inconsciente fazer seu trabalho.

Essa crença é precursora não apenas do *life coaching*, mas da programação neurolinguística e do treino mental. Para explicar, de forma simplificada, como funcionam o consciente e o inconsciente, proponho dividir o cérebro em duas partes: uma que fala e outra que escuta. O consciente (mente racional) tenta comandar o inconsciente (mente sábia), já que esta armazena informações fora do alcance da razão, capazes de criar conexões entre eventos e emoções. No caso do jogo de tênis, se a ansiedade de acertar a bola se torna uma tônica do jogador, o inconsciente pode determinar essa prática como perigosa e acionar um alerta de "perigo iminente" durante uma partida decisiva.

O mesmo mecanismo de ativação de adrenalina pode ser observado em atores que se sentem ansiosos ao ouvirem a palavra "ação!". Em casos como esse, o exercício proposto por Gallwey nos mostra que, quanto mais registrarmos o caminho gatilho → ressignificação do estímulo da ansiedade → reação, mais facilmente conseguiremos evocar em nossa fisicalidade a emoção desejada com fluidez, sob nosso comando e permissão.

A PROFECIA DO VERBO SER

Em meus atendimentos, sempre reparo no que as pessoas dizem depois do verbo "ser", porque essas afirmações podem ser tanto uma benção quanto uma maldição. Esse verbo é capaz de transformar barro em pedra, fazendo de uma personalidade modelável algo rígido.

"Ser" é o verbo da existência imutável, capaz de sentenciar qualquer experiência. A partir da frase "Eu sou", temos um raio-x das crenças de quem fala.

Ele é tão potente que, ao usá-lo, precisamos tomar cuidado para não resumirmos o outro. Se uma criança sempre escuta a mãe dizer, por exemplo, que o filho é descontrolado, é provável que em algum momento ele comece a obedecer a essa afirmação, passando a agir de forma descontrolada por acreditar que essa seja a característica da sua personalidade no mundo. E então, quando essa criança se tornar um adulto, será muito difícil para ela recapitular a origem do descontrole. A neurociência nos mostra que palavras não são apenas símbolos, mas comandos neurológicos. O que se repete, se fortalece.

Cada "eu sou" é um roteiro que vai sendo ensaiado diariamente, até se tornar um desempenho habitual para o sistema nervoso.

Ao contrário do que se pensava, o cérebro não é um gravador passivo, mas um roteirista e um editor em tempo real. A linguagem que nos cerca não apenas narra quem somos: ela nos esculpe.

O que você costuma repetir depois do verbo "ser" é uma prisão ou uma travessia?

Eu sou ____________________ .
Dinheiro é ____________________ .
O mundo é ____________________ .
Os homens / as mulheres são ____________________ .
Felicidade é ____________________ .

Outra armadilha linguística que vemos com frequência é a posse de estados ou diagnósticos emocionais. Quando alguém diz "meu pânico", "meu câncer", "minha depressão", me soa como algo tão incorporado em sua identidade que o indivíduo se sente responsável pelo que possui. Seria mais libertador dizer "Estou atravessando um momento turbulento" ou "Estou em contato com uma dor profunda agora".

A diferença pode parecer sutil, mas, para o cérebro, ela é profunda. Em vez de fixar, permite fluir. Em vez de cristalizar, convida ao movimento.

Personagens e pessoas
SE TORNAM o que **AFIRMAM SER.**

No teatro e na vida, é importante ler o que a personagem afirma sobre si e o que afirmam sobre ela. A linguagem define.

Na década de 1960, o neurocientista Paul MacLean, em sua conhecida hipótese do cérebro trino, propôs uma divisão do cérebro em três unidades funcionais distintas: o cérebro reptiliano, responsável por reflexos simples, comportamentos automáticos e instintivos; o cérebro límbico, responsável por comportamentos emocionais, memórias e interações sociais; e o cérebro racional (neocórtex), responsável pelo pensamento abstrato, moral e raciocínio lógico. Todas essas unidades seriam adaptações evolutivas à nossa sobrevivência. De forma resumida e simplificada, o cérebro reptiliano seria nosso cérebro primitivo ou sem filtros; o cérebro límbico seria responsável pelos sentimentos e vínculos; e o cérebro racional seria responsável pela linguagem e análise.

Embora esse modelo tenha sido bastante divulgado, a neurociência contemporânea aponta que o cérebro funciona como um sistema integrado, sem áreas rigidamente localizadas para emoções, razão ou instinto. Uso aqui essa analogia apenas como ferramenta didática para explorar gradações de comportamento das personagens ou analisar comportamentos em meus *coachees* e alunos. Na sala de ensaios, esse jogo ajuda a visualizar gradações entre instinto, afeto e consciência. Como nos lembra a neurocientista brasileira Carla Tieppo, o cérebro é um órgão tão complexo e importante que exige uma ciência só para ele. Destaca-se até do coração, que, apesar de também ser fundamental para nossa sobrevivência, não conta com uma "cardiociência".

Racionais ou pré-frontais (Eu penso):
cabeça – mente – cálculo – projeto – burocracia – frieza – superego – ideias – intelecto – execução – crônica.

Emocionais ou límbicos (Eu sinto):
coração – pulso – empatia – solidariedade – sinestesia – ego – emoção – comoção – drama.

Instintivos ou reptilianos (Eu desejo):
intuição – impulso – cólera – sexo – vísceras – revolta – reatividade – instinto – tragédia.

A importância de detectar o centro dominante da personagem – ou seja, seu *modus operandi* mais frequente – está em poder transformar sua luta em **VERBO INTERNO DE AÇÃO**.

Quando o ator entende o verbo de ação da personagem, ele pode se ocupar com a história em termos de ação. Assim, em vez de apenas mostrar-se triste, por exemplo, sua personagem vai implorar, abandonar, silenciar, afastar-se, esconder-se. Essa transposição do sentir para o agir é o que confere à atuação não apenas densidade dramatúrgica, mas organicidade: o verbo instala uma intencionalidade no corpo.

O verbo interno de ação é o que empurra o corpo para o agora. É o que devolve a personagem ao instante.

ULTRANATURALISMO: A ATUAÇÃO NA CONTEMPORANEIDADE

Eu me habituei a chamar de "ultranaturalismo" a tendência do mundo globalizado, pós-revolução tecnológica, de interpretar a vida. Para contextualizar, o naturalismo foi um movimento cultural que despontou na Europa no século XIX e se manifestou, em especial, nas artes, na literatura e no teatro. Marcado por uma visão determinista da humanidade e influenciado por fatores biológicos, sociais e ambientais, essa tendência se pautava na natureza, ou seja, naquilo que não foi produzido pelo homem.

Nas artes plásticas, as obras desse período retratam cenas do cotidiano – uma conversa entre amigos, um jantar em família, os bastidores de uma cena, pessoas comuns fazendo coisas comuns. Na literatura, dão voz a uma parcela da sociedade que, até então, nunca havia sido ouvida – pessoas operárias, marginalizadas, em situação de prostituição, entre outras –, passando a servir de instrumento de denúncia em uma nova crítica social. No teatro, o movimento ganhou força, principalmente, com a escola russa: o método de Stanislavski é, em última instância, um apoio para que o ator se revele subjetivamente, sem máscaras.

O que significa, então, dizer que o mundo está "ultranaturalista"?

Etimologicamente, "ultra" quer dizer "para além de, em excesso". Acredito que hoje, no mundo BANI[25] em que

[25] Sigla em inglês para "Brittle, Anxious, Nonlinear e Incomprehensible", que em tradução livre significa Frágil, Ansioso, Não linear e Incompreensível. O conceito foi cunhado pelo antropólogo estadunidense Jamais Cascio em 2020, diante do cenário moldado pela pandemia de covid-19.

vivemos, completamente digital, integralmente conectado, multidisciplinar e não previsível, entramos em outro tipo de atuação. As redes sociais se tornaram nossos canais particulares de comunicação. Olhar para a câmera do celular e emitir, a qualquer instante, uma opinião acerca do assunto do momento, se tornou algo absolutamente naturalizado. As máscaras sociais como as conhecíamos estão ficando ultrapassadas à medida que passamos por uma transição radical na maneira como nos desmascaramos.

Como consequência dessas mudanças, é de se esperar que a relação com o teatro também mude. Note que não estou fazendo prognósticos do futuro, mas sim refletindo sobre como este novo mundo se conectará com os palcos. Os Baby Boomers, geração nascida entre 1946 e 1964, conheceram o auge do teatro, com salas cheias a semana toda, incluindo sessões duplas aos sábados. Essa geração que, em geral, dava valor ao teatro e à literatura, muitas vezes vendo-se refletida no jogo do teatro burguês, está se extinguindo, assim como se extinguiu a palmatória de seus anos de estudantes. Esse processo, é claro, faz parte da transição natural da vida. De tempos em tempos, muda-se a "capa humana",[26] deixando para as novas gerações um reflexo dos valores de épocas passadas.

A geração Alpha, nascida a partir de 2010, nos dá um bom panorama de quantas mudanças de paradigma já presenciamos até agora. Esses jovens são menos formais e mais preocupados com sustentabilidade do que as gerações anteriores, buscando conhecer o elo produtivo e consumir de maneira mais responsável. Também tendem a gostar de experiências imersivas, que mesclam fantasia e realidade, priorizando sempre a interação. Paralelamente, eles praticamente desconhecem

---

[26] Termo cunhado pelo saudoso Joubert di Mauro, indianista, filósofo e humanista, além de querido amigo.

a divisão entre "mundo virtual" e "mundo real", fator que já exige, por exemplo, a elaboração de novos modelos de ensino mais dinâmicos e inclusivos.

Enquanto profissional do teatro, considero fundamental que nós, assim como os demais segmentos artísticos, pensemos em formas de conversar com as novas gerações e trazê-las mais para perto. As novelas como as conhecíamos, folhetins herdados dos romances literários, estão ganhando novos contornos. As narrativas maniqueístas, pautadas na eterna dicotomia entre bem e mal, com mocinhos e vilões bem delineados, estão com os dias contados. As fórmulas previsíveis já soam obsoletas e se dissipam no ar. A tendência é que as obras de ficção reflitam cada vez mais a vida "ultrarreal" – afinal, fora das telas, não existe ninguém unicamente bom ou unicamente mau. Pois é, a relativização também é um conceito do mundo BANI. Ninguém é uma coisa apenas. Estamos todos a caminho de algo, nunca em um ponto final, como pretendia o mundo pós-Revolução Industrial.

Cabe a nós, enquanto artistas, buscar entender com o que o público será capaz de se conectar em meio a essa enxurrada de informações, buscando sempre construir novas formas de nos expressarmos e nos comunicarmos em sociedade.

Vejo o futuro espectador sendo substituído pelo expectador: enquanto o primeiro apenas observa, de forma passiva, em sua ilha de experiência, o segundo espera participar e modificar essa experiência. O expectador gostará de se sentir parte do processo artístico. Por meio da interação, ele sairá modificado da experiência, seja por identificação, enlevo, surpresa ou estética. Um grande exemplo foi a apresentação do *rapper* estadunidense Travis Scott, em 2020, no jogo Fortnite, um evento virtual que reuniu 14 milhões de espectadores *online*. Por meio de seus avatares, o público tinha autonomia para explorar todo o espaço digital, experimentando conceitos de realidade virtual e arte em um *game* interativo.

Pontuo tudo isso para ilustrar que a hiperconectividade veio para ficar. O teatro percorreu longos caminhos e passou por enormes transformações, sempre se integrando àquilo que achávamos ser capaz de matá-lo. Assim foi nos pós-guerras e pós-pandemias. Assim foi após o surgimento do cinema, da TV e da internet. Desde seu nascimento, o teatro passou de ferramenta de dialogar com os deuses a aparato pedagógico-social, de dispositivo político e engenho de reflexão a meio de entretenimento. E agora, no século XXI, o que será do teatro? Resgate, espelho, crítica, supérfluo? Não há como prever, mas sei que ele encontrará uma forma de se reinventar, assim como cada um de nós.

Coordenação de intimidade

Durante séculos, o teatro e o cinema foram executados sem a figura central da direção como a conhecemos hoje. As companhias eram gerenciadas pelos próprios atores, quase sempre lideradas pelo mais experiente ou pelo empresário do grupo, que escolhia o repertório, distribuía os papéis e organizava as entradas e saídas de cena. Não havia um olhar externo, um pensamento sobre a encenação no sentido estético e dramatúrgico que atribuímos hoje à função de direção. O que havia era tradição, reprodução, improvisação e uma espécie de organização tácita, transmitida por gerações.

No ocidente, essa mudança de paradigma surgiu, no final do século XIX, com Duque de Saxe-Meiningen, um dos primeiros diretores de teatro modernos a desenvolver um método de direção que se destacou por fatores como unidade, realismo e atenção aos detalhes, influenciando todo o pensamento teatral que se seguiu. Sua companhia teatral, conhecida como Meiningen Ensemble, era famosa pelos cenários precisos, figurinos autênticos e atuação psicológica, tornando-se um exemplo para outros diretores, como André Antoine e Constantin Stanislavski.

No Brasil, essa transição foi mais lenta, iniciando-se quando desembarcaram aqui, fugindo das guerras na Europa, os dramaturgos Eugenio Kusnet, Zbigniew Ziembinski e Gianni Ratto. A peça *Vestido de noiva*, de Nelson Rodrigues, que estreou em 1943, é vista como um divisor de águas na história do teatro brasileiro, marcando o início de uma nova era, especialmente por ser operada pela supervisão de uma figura única – que deteria, também, a assinatura prática e artística dos trabalhos seguintes. Em 1951, graças à engenhosidade de Assis Chateaubriand, ocorreu a primeira transmissão ao vivo na televisão, viabilizada pela TV Tupi, primeiro canal de televisão do país. Em dezembro do mesmo ano, estreou a telenovela *Sua vida me pertence*, escrita e dirigida por Walter Foster. Stanislavski, pai da sistematização do trabalho do ator, morreu em 1938, mas apenas em 1964 seu primeiro livro foi publicado no Brasil.

Tudo isso para dizer que a arte da interpretação, tal como a conhecemos hoje, como um sistema organizável e reproduzível, é muito recente no mundo, e ainda mais no Brasil.

O próprio cinema nasceu sem a figura do diretor. Inicialmente, a direção era uma função técnica que envolvia a operação das câmeras e a produção de imagens que, quase sempre, representavam recortes do cotidiano. No entanto, com o desenvolvimento da linguagem cinematográfica, o diretor passou a se destacar, fazendo surgir nomes como Georges Méliès, que começou a explorar a manipulação de imagens e a criação de efeitos especiais. No Brasil, o ítalo-brasileiro Afonso Segreto foi um dos primeiros cineastas a registrar imagens em movimento, produzindo, em 1898, um filme da Baía de Guanabara. No início do século XX, Humberto Mauro se destacou como um grande pioneiro do cinema no país. A organização do pensamento dramatúrgico como a conhecemos hoje, no entanto, com histórias marcadas por início, meio e fim, se deu mais fortemente entre 1955 e 1960, com o Cinema Novo de Glauber Rocha e Nelson Pereira dos Santos.

Com o aumento da complexidade da sétima arte, vem a profissionalização. À medida que o cinema deixa de ser uma "curiosidade das ruas" e se torna indústria, é impossível que uma só pessoa o controle. Surgem, então, as funções específicas: diretor de fotografia, operador de câmera, montador, roteirista, designer de produção, figurinista, entre muitas outras. Quando a linguagem se transforma, as funções que a sustentam também se transformam. Houve um tempo em que não havia diretor. Houve um tempo em que não havia montador, nem operador de câmera, nem designer de som. Houve um tempo em que nenhuma dessas funções parecia necessária, até que passaram a ser. Assim será também, espero eu, com a coordenação de intimidade, quando as pessoas entenderem que a função segue protocolos técnicos além dos criativos e que somente o bom senso não dá conta de mediar as relações.

Muitas violências foram cometidas em nome da arte, explorando os corpos dos atores. Embora nossa matéria-prima seja a emoção e nossa ferramenta seja o corpo, não há evidências de que só isso seja o suficiente para que o artista se sinta à vontade diante de câmeras, em especial em cenas sensíveis. Achar que uma atriz deve ficar nua porque, afinal, faz parte de seu ofício, é algo tão simplista quanto dizer que um neurologista é capaz de realizar um parto apenas por ser médico. Particularmente, nunca ouvi dizer que, na faculdade de teatro, de cinema ou em cursos técnicos de formação de intérpretes, há disciplinas que ensinem "truques" e técnicas para cenas dessa natureza.

Esse pensamento apenas reforça o estereótipo de que todo artista é ou deveria ser "liberal", e que, sendo assim, deve lidar com qualquer circunstância derivada de seu corpo. Felizmente, a coordenação veio reparar esse erro conceitual e dar aos atores a garantia de informações claras sobre as cenas, bem como a certeza de consentimento e o amparo aos seus limites, sem que sejam julgados por isso.

O medo de errar

Ao longo desses anos de atendimentos quase diários, percebi um ponto em comum entre quase todos os artistas com quem trabalhei: o engessante, às vezes paralisante medo de errar. Até mesmo as pessoas mais geniais com quem estive confidenciaram o mesmo receio de que, um dia, alguém batesse à porta e dissesse: "Você é um blefe. Descobrimos sua farsa".

Esse medo de ser "desmascarado" é mais comum do que se imagina. E se você sente isso, trago uma boa (ou má) notícia: você não está sozinho.

A síndrome do impostor não é "vaidade às avessas", e sim um sofrimento profundo, estrutural. O artista se sente uma fraude não porque lhe falta talento, mas porque vive dentro de um sistema que exige genialidade constante, validação externa e produtividade mercantil, ao mesmo tempo que oferece pouquíssimo espaço para escuta genuína e quase nenhum para o erro. A arte, que deveria ser lugar de risco, jogo, reinvenção, se torna território de julgamento. E, nesse tribunal simbólico, até os mais talentosos duvidam de si.

Vivemos sob o peso do mito do "gênio criativo" – essa figura romantizada que, idealmente, surge do nada, quebra paradigmas e inaugura novas eras estéticas. O problema é que esse ideal é inalcançável. Ninguém cria do vazio. A arte é feita de rastros, ecos, costuras. Nasce de conversas com os mortos e os vivos, de referências ocultas, de repetições quase imperceptíveis. Mas, quando o artista internaliza a exigência da ruptura permanente, tudo que é íntimo, sutil ou contínuo parece pouco. E o pouco não basta. Surge então o sentimento de inadequação: "Eu deveria impactar mais. Ser mais original. Gerar mais resultado".

Nunca foi tão fácil comparar e se paralisar como no século XXI. A vitrine digital nos coloca frente a frente com milhares de artistas ao redor do mundo, o tempo todo. Todos parecem mais produtivos, mais reconhecidos, mais seguros do que nós. O artista, já vulnerável por ofício, passa a se ver pelas lentes dos outros. E o pior, a crítica não se limita mais aos especialistas – qualquer um pode comentar, avaliar, rejeitar. Muitas vezes, o que se ataca não é a obra, mas quem a fez. Isso fere fundo. Cria cicatrizes invisíveis, mas persistentes.

Criar, por fim, é se expor. É colocar à mostra sua visão de mundo, suas lacunas, seus medos e delírios. É se despir emocionalmente, intelectualmente, simbolicamente, e não apenas tecnicamente. E ficar nu diante do olhar alheio pode ser apavorante. A arte exige coragem para revelar-se, e, hoje, o mundo exige ainda mais coragem para sustentar-se diante do olhar que julga.

O que poucos percebem é que esse medo do julgamento não é pessoal, e sim histórico. Em todas as épocas, a arte teve propósitos diversos: comunicação com os deuses, ritual, ciência, transcendência, eternidade. Mas foi a partir do século XVIII que se consolidou a figura do crítico como autoridade especializada. O chamado "homem de gosto" – mecenas, nobres, reis, donos de jornais – passou a arbitrar o valor da obra com base em critérios nem sempre claros, mas sempre seletivos. O termo "crítico" vem do grego *kritikós*, que remete a *krinein* (separar, decidir, julgar). Desde sua origem, o crítico é aquele que separa o que vale do que não vale.

Antes disso, a arte não era sistematicamente julgada em público.

No Brasil, esse movimento se acentuou a partir de 1808, com a chegada da família real. O teatro passa a se organizar, o público a se estruturar e, em 1836, Justiniano José da Rocha publica, no jornal *O Cronista*, as primeiras críticas teatrais do país.

O teatro começava a se deslocar do simbólico para o comercial. Aos poucos, a criação passou a ser moldada por fatores externos à sua própria natureza. Não se cria mais apenas por necessidade expressiva, mas também para agradar.

Esse desvio é profundo. Ou você imagina um ator grego, sob sua máscara ditirâmbica, recitando Sófocles e tremendo de medo da opinião pública no dia seguinte? Os povos originários da Austrália preocupados com sua próxima exibição no MoMA? Um *griot* africano, guardião da memória ancestral e contador de histórias rituais, encerrando uma cerimônia e se perguntando se sua performance vai agradar ao mercado europeu? Os povos Guarani e Xavante preocupados com o que vão pensar de seus ritos e narrativas?

Há tradições em que o valor da arte ainda está no vínculo, não na vitrine. Onde o que importa é a partilha, o rito, o espírito em ação, e não a aceitação por uma elite curadora. A lógica ocidental nos treinou a medir a potência da produção criativa a partir de sua aceitação, como se a existência da obra só se justificasse pelo seu ponto final, não como um meio de expressão. O mercado, é claro, não absorve todo mundo. E o que escapa desse filtro – mesmo que seja legítimo, necessário, sublime – corre o risco de se tornar invisível.

O mercado não mata a produção criativa, mas pode confinar seus espaços.

Não destrói o artista, mas atribui valor à sua obra.

O algoritmo e o mercado não silenciam a criação, mas ditam seu consumo.

> Uma das coisas que mais limita
> um artista é o **SUCESSO**.

BIOTEATRO: A ARQUITETURA DOS EUS

É possível encontrar, na literatura especializada, diversos estudos que relacionam o conhecimento neurocientífico e o universo das artes cênicas, seja sob o ponto de vista do trabalho do ator ou da recepção do espectador. No Brasil, ainda são poucos os profissionais que se dedicam ao binômio teatro-neurociência, ou mesmo que manifestam interesse em colaborar para o avanço do diálogo entre as duas áreas – realidade que pode ser explicada, talvez, pelo preconceito estrutural de que a razão não deve pautar a arte, como se não fôssemos todos, incluindo nossa sensibilidade, moldados por nossos cérebros. Essa lacuna poderia ser melhor preenchida, dado que os estudos do cérebro e de seus processos avançaram amplamente nos últimos cinquenta anos, a partir de tecnologias inovadoras como o escaneamento cerebral.

Ao longo da minha experiência teórica e prática acerca da neuroplasticidade cerebral, no entanto, vejo como a investigação dos padrões fisiológicos das emoções pode ser transformadora na vida das pessoas, que têm a chance de remodelar a própria narrativa, mesmo que parcialmente, para refletir novas experiências.

Que história você conta da sua infância, da sua juventude, da sua vida? Que papéis já ocupou no passado e quais está buscando ocupar no presente? Ressignificar as percepções das próprias experiências é, além de um processo curativo, a principal saída para diversos impasses emocionais.

Emoções parecem nascer organicamente de nós, mas, na verdade, são construídas por nós. Os trilhos por onde passam as sinapses cerebrais foram gerados por crenças e hábitos. E é possível, sim, redirecionar tais sinapses para configurar novos trilhos. Se mudamos os ingredientes que o cérebro usa para criar emoções, podemos mudar também nossa emocionalidade. Somos capazes de nos tornarmos arquitetos de nossa existência, assim como o fazem os atores ao criarem suas personagens.

Quer descobrir quais crenças perpassam seu cotidiano? Preste atenção aos seus monólogos internos: durante uma conversa difícil, você costuma esconder seus sentimentos ou extravasá-los de imediato? Quando alguém se abre para você, sua reação é demonstrar empatia às dores do outro ou voltar o assunto para si e para suas próprias dores? Você se impõe quando discorda de algo? Quais assuntos o tiram do sério?

Suas reações são parte da sua singularidade, uma soma de suas experiências de vida, suas crenças e seu DNA. Para modificá-las, é possível enxertar novas memórias ou ressignificar as antigas.

O **EU** é uma construção metafísica que pode morrer e nascer como as células do nosso corpo. **IDENTIDADE** é a sequência de eus no tempo.

Não importa quantas vezes falhamos ao representar nossas certezas; o que vale é assumirmos nossas personagens com gentileza.

Viver é **PERFORMANCE**. Arte e emoção são estados de **PRESENÇA**.

O termo "bioteatro" nasceu da minha jornada pessoal como artista e pesquisadora, em uma busca íntima e contínua de nomear e organizar algo que intuitivamente observei e que já havia sido percebido por mestres que sempre admirei, citados ao longo deste livro. Atuar é vivenciar profundamente nossa **EXPERIÊNCIA NEUROEMOCIONAL**, integrando corpo e mente numa só expressão.

Inspirada pela neurociência contemporânea, compreendo que a arte da atuação proporciona uma poderosa ferramenta de **REGULAÇÃO** – ou de desregulação – emocional por meio da fisicalidade consciente. Da mesma forma, **ENSAIOS SOMÁTICOS** (o teatro como "professor" do sistema nervoso central) podem provocar mudanças profundas no estado emocional e mental, permitindo não só ressignificar traumas passados, mas também abrir novos espaços internos para expressões mais libertadoras e afirmativas.

Outra consequência da utilização do teatro enquanto modulador afetivo é o **DESCONDICIONAMENTO NEURAL**, processo pelo qual reconhecemos e rompemos padrões automáticos profundamente arraigados no corpo e na mente. Esse processo de contínua reconstrução neural e emocional evidencia que atuar não se limita à criação de personagens ou narrativas externas, mas pode promover uma verdadeira alquimia interna, transformando tanto o intérprete quanto sua maneira de existir e agir no mundo.

A identidade fixa e permanente é uma crença, e meu objetivo é inspirar outros artistas, assim como o público em geral, a reconhecerem o poder transformador que carregam dentro de si. Porque atuar é um ato de coragem e entrega, é observar e acolher o que existe dentro de nós e, ao mesmo tempo, permitir que essa vida nos transforme de dentro para fora.

Entre ser e representar,
existe a **CURA**.

Encerro este livro com a certeza profunda de que o teatro não apenas reflete a vida, mas tem o poder singular e maravilhoso de transformá-la. Quando corpo e mente contracenam em plenitude, somos capazes não apenas de interpretar o mundo, mas também de inventá-lo.

ORAÇÃO DO ARTISTA

Que o público me veja como eu
me vejo quando estou em paz.

Que eu possa viver com dignidade
o que nasci para fazer.

Que eu possa produzir beleza mesmo
quando estou com medo.

Que eu possa sempre encontrar
na arte alento, inspiração e afeto.

Que o talento volte a ser o bem mais valioso
da minha profissão.

Que eu possa ser um reflexo do que há
de melhor no meu tempo.

Que eu encontre meus iguais e seja
acolhido pelos diferentes.

Que a arte não seja confundida
com o mercado da arte.

Que eu possa me reinventar para
encontrar beleza no novo.

Que as histórias que eu contar sejam
relevantes para iluminar outras vidas.

Que eu encontre na arte a ciência do espírito.

Que os aplausos sejam verdadeiros
e os abraços, sinceros.

Que eu honre e dignifique os mestres,
conhecidos ou anônimos, que me antecederam.

Que meu ofício seja enfim reconhecido
como cultivo da vida.

Que eu não perca minha
humanidade com o efêmero.

Que eu veja nos meus colegas uma fonte
inesgotável de compaixão e torcida, e não de disputa.

Que eu tenha oportunidades para mostrar meu
ofício e, se não, que consiga criá-las por meio da fé.

Que toda vez que pensar em desistir, eu encontre
amparo, guia e razões para continuar.

Que eu tenha mais motivos para falar da minha
trajetória com amor do que com dor.

Que minha geração seja capaz de inspirar futuros
colegas com relevância artística e intelectual.

Que a gentileza seja a principal natureza das coisas.

Que eu chegue ao fim orgulhosa do que pude
oferecer nos palcos, nos bastidores e na vida.

Que meu caminho seja sempre em frente.

AGRADECIMENTOS

A meu filho Valentim, de quem tiro, diariamente, a certeza de que a vida vale a pena.

A Paulinho, meu grande companheiro de jornadas, parceiro nos amores e nas dores, potente interlocutor e maior incentivador há quase duas décadas. Além de me dar Tom e Valentim, você é amor e fôlego.

À minha família de origem: Carlos, Fani e Blima, pai, mãe e irmã, respectivamente. Repare, meu bom pai, que a primeira e a última frase do livro são suas. Minha mãe, você foi a primeira a ler este livro, e a capa é sua. Obrigada!

A Marcus Montenegro, que há mais de dez anos semeia em mim a ideia de escrever este livro. Sem você, eu não teria pensado em iniciar essa jornada. Agradeço igualmente a toda a equipe da Montenegro Talents.

Aos mortos que amei e de quem tanto ainda trago em mim: Maria, Tia Nívea, Tio Décio, Lira.

À Vera Holtz, a quem muito admiro, que não largou minha mão e me presenteou com essa potente evocação. Evoé!

Aos atores e *coachees* que compartilharam comigo seus temores e suas alegrias com tanta confiança e entrega. Aprendi e aprendo muito com vocês. *Te idem.*

A Caio Ferreira, fundador e diretor do Centro de Investigação do Comportamento das Emoções (CICEM), que gentilmente cedeu os direitos de uso de muitas das imagens deste livro e tem sido um generoso interlocutor sobre emoções e comportamento humano.

A Afonso Borges, amigo querido que, após a leitura dos meus rascunhos, muito me incentivou fazendo a ponte com a editora.

A toda a equipe da Editora Vestígio, que me acolheu tão bem. Rejane Dias, Bia Nunes de Sousa, Diogo Droschi e Samira Vilela, obrigada pelas trocas e pela ajuda com o texto até a linha de chegada.

Aos professores e à minha turma querida da Casa das Artes de Laranjeiras, a BT 34, a quem mostrei, online, durante a pandemia, os rascunhos deste livro.

À Gisele Mirabai, que me ajudou a colocar este texto pra jogo.

A todos os meus inesquecíveis professores e colegas de teatro, filosofia e ioga da Universidade Federal de Ouro Preto e a todos os neurocientistas que entrevistei, entre eles o professor Luiz Eugenio de Moraes Mello.

REFERÊNCIAS

ARISTÓTELES. *Poética*. São Paulo: Abril Cultural, 1973.

BARRETT, Lisa F. *How Emotions Are Made: The Secret Life of the Brain*. Nova York: Mariner Books, 2018.

BATESON, Gregory. A Theory of Play and Fantasy. *Psychiatric Research Reports*, v. 2, p. 39-51, 1955.

BATSON, Susan. *Truth: Personas, Needs, and Flaws in the Art of Building Actors and Creating Characters*. Nova York: Rugged Land, 2007.

BERRY, Cicely. *The Actor and the Text*. Londres: Virgin Books, 1987.

BLOCH, Susana. *Alba Emoting: A Scientific Method for Emotional Induction*. Santiago: SBA PSE, 2015.

BLUMENFELD, Remy. How a 15.000-Year-Old Human Bone Could Help You Through the Coronacrisis. *Forbes*, dez. 2021.

BONFITTO, Matteo. *O ator-compositor*. São Paulo: Perspectiva, 2009.

BRACHER, Larissa; FERREIRA, Caio. Base de dados CICEM: Face de Ternura 3D (CICEM-FT-3D). São Paulo: CICEM, 2025.

CALVERT, Dorys F. Teatro e neurociência: o despertar de um novo diálogo entre arte e ciência. *Revista Brasileira de Estudos da Presença*, Porto Alegre, v. 4, n. 2, p. 223-248, maio/ago. 2014.

CAMPOS, Esteban J. A. *O trabalho do ator com as emoções: uma referência concreta*. Dissertação (Mestrado em Artes da Cena) – Instituto de Artes, Universidade Estadual de Campinas, Campinas, 2014. Disponível em: 20.500.12733/1626904. Acesso em: 29 maio 2025.

CHUBBUCK, Ivana. *The Power of the Actor*. Nova York: Avery, 2004.

CSIKSZENTMIHALYI, Mihaly. *Flow: a psicologia do alto desempenho e da felicidade*. São Paulo: Objetiva, 2020.

DA ROCHA, Isamara F.; DA SILVA, Maria Cláudia M.; PINHEIRO, Eliana M. Identificação dos tipos de toque ocorridos no atendimento de enfermagem de um serviço ambulatorial. *Revista da Escola de Enfermagem da USP*, v. 32, n. 3, out. 1998.

DAMÁSIO, António. *E o cérebro criou o homem*. São Paulo: Companhia das Letras, 2011.

DAMÁSIO, António R. *O erro de Descartes: emoção, razão e o cérebro humano*. São Paulo: Companhia das Letras, 1996.

DAMÁSIO, António R. *Sentir e saber: as origens da consciência*. São Paulo: Companhia das Letras, 2022.

DARWIN, Charles. *A expressão das emoções no homem e nos animais*. São Paulo: Companhia das Letras, 2000.

DILTS, Robert B. *A Brief History of Logical Levels*. Dilts Strategy Group, 1988. Disponível em: https://www.nlpu.com/Articles/LevelsSummary.htm. Acesso em: 24 jun. 2025.

EKMAN, Paul. *Emotions Revealed: Recognizing Faces and Feelings to Improve Communication and Emotional Life*. 2. ed. Nova York: Holt Paperbacks, 2007.

EKMAN, Paul; LEVENSON, Robert W.; FRIESEN, Wallace V. Voluntary Facial Action Generates Emotion-Specific Autonomic Nervous System Activity. *Psychophysiology*, Cambridge, v. 27, n. 4, p. 363-384, jul. 1990. DOI: 10.1111/j.1469-8986.1990.tb02330.x

EL KALIOUBY, Rana; KODRA, Evan; LAFRANCE, Marianne; MCDUFF, Daniel. A Large-Scale Analysis of Sex Differences in Facial Expressions. *PLoS One*, Califórnia, abr. 2017.

ELKINS, Gary R.; BARABASZ, Arreed F.; COUNCIL, James R.; SPIEGEL, David. *Advancing Research and Practice: The Revised APA Division 30 Definition of Hypnosis*. v. 63, n. 1, p. 1-9, nov. 2014. https://doi.org/10.1080/00207144.2014.961870

FERREIRA, Caio; DALBEN, Hugo. Base de dados CICEM: EMFACS Anatomy Avatar 3D (CICEM-EMFACS-AA-3D). São Paulo: CICEM, 2019.

FERREIRA, Caio; DALBEN, Hugo. Base de Dados CICEM: Músculos Indicados e Action Units 2.0 (CICEM-MIAU 2.0). São Paulo: CICEM, 2019.

FERREIRA, Caio; DALBEN, Hugo. Enzo: Sistema de Unidades de Ação (CICEM: EnzoSUA). Software. São Paulo: CICEM, 2022. Disponível em: http://www.cicem.com.br. Acesso em: jul. 2025.

FERREIRA, Caio; DALBEN, Hugo. Base de dados: Os músculos das emoções básicas 3D. Painel apresentado em IV Escola de Inverno sobre Cultura, Linguagem e Comportamento Simbólico. São Carlos: UFSCar, jul. 2019.

GUSKIN, Harold. *Como parar de atuar*. São Paulo: Perspectiva, 2003.

HAGEN, Uta. *Técnica para o ator: a arte da interpretação ética*. São Paulo: Martins Fontes, 1973.

KRISTEVA, Julia. *Poderes do horror: ensaio sobre a abjeção*. Campinas: UNICAMP, 1989.

KUSNET, Eugenio. *Ator e método*. São Paulo: Hucitec, 2003.

LAFRANCE, Marianne. *Why Smile? The Science Behind Facial Expressions*. Nova York: W. W. Norton & Company, 2013.

LEDOUX, Joseph. *O cérebro emocional: os misteriosos alicerces da vida emocional*. Rio de Janeiro: Objetiva, 2001.

LEE, Ju-Yeon; KIM, Sung-Wan; KIM, Jae-Min. The Impact of Community Disaster Trauma: A Focus on Emerging Research of PTSD and Other Mental Health Outcomes. *Chonnam Medical Journal*, maio 2020. Disponível em: https://pmc.ncbi.nlm.nih.gov/articles/PMC7250671/

LINKLATER, Kristin. *Freeing the Natural Voice: Imagery and Art in the Practice of Voice and Language*. Londres: Nick Hern Books, 2006.

MONTAGU, Ashley. *Tocar: o significado humano da pele*. São Paulo: Summus Editorial, 1988.

MOSS, Lary. *The Intent to Live: Achieving Your True Potential as an Actor*. Bantam Books, 2005.

OBEAR, Kathy; WILLIAMS, Tanya O. *Navigating Triggering Events: Critical Competencies for Facilitating Difficult Dialogues on Race and Racism*. White Privilege Conference, Kansas City, 2017.

OIDA, Yoshi. *Um ator errante*. São Paulo: Via Lettera, 2012.

PANKSEPP, Jaak. *Affective Neuroscience: The Foundations of Human and Animal Emotions*. Oxford: Oxford University Press, 1998.

PINSKY, Ilana. A neurociência da empatia: conectando cérebros em tempos de desavenças. *Veja*, set. 2024. Disponível em: https://veja.abril.com.br/coluna/mens-sana/a-neurociencia-da-empatia-conectando-cerebros-em-tempos-de-desavencas/

PLUTCHIK, Robert. Emotion: Theory, Research, and Experience: Vol. 1. *Theories of Emotion*, vol. 1, New York: Academic, 1980.

PORGES, Stephen W. *The Polyvagal Theory: Neurophysiological Foundations of Emotions, Attachment, Communication, and Self-Regulation*. Nova York: W. W. Norton & Company, 2011.

RICHARDS, Thomas. *Trabalhar com Grotowski sobre as ações físicas*. São Paulo: Perspectiva, 1993.

SANTOS, Adailson C. dos. *Teatro das emoções e emoções no teatro: diálogos entre neurociência e Stanislavski*. Dissertação (Mestrado em Performances Culturais) – Universidade Federal de Goiás, Goiânia, 2016. Disponível em: http://repositorio.bc.ufg.br/tede/handle/tede/6627. Acesso em: 29 maio 2025.

SARTRE, Jean-Paul. *A náusea*. São Paulo: Nova Fronteira, 2007.

SEARCE, Tori. The Holocaust and Generational Trauma. *How did the Holocaust affect...?*, jun. 2024. Disponível em: https://howdidtheholocaustaffect.uark.edu/2024/06/14/the-holocaust-and-generational-trauma/

SILVA, Ana Beatriz B. *Mentes perigosas: o psicopata mora ao lado*. Campinas: Fontanar, 2008.

SOFIA, Gabriele. Teatro e Neurociência: da intenção dilatada à experiência performativa do espectador. *Revista Brasileira de Estudos da Presença*, Porto Alegre, v. 2, n. 1, p. 93-122, jan./jun. 2012. DOI: 10.1590/2237-266025715.

SONTAG, Susan. *Diante da dor dos outros*. São Paulo: Companhia das Letras, 2003.

SPITZER, Leo. *Três poemas sobre o êxtase*. São Paulo: Cosac & Naify, 2003.

STANISLAVSKI, Constantin. *A construção da personagem*. Rio de Janeiro: Civilização Brasileira, 1993.

STANISLAVSKI, Constantin. *A criação de um papel*. Rio de Janeiro: Civilização Brasileira, 1995.

STANISLAVSKI, Constantin. *A preparação do ator*. Rio de Janeiro: Civilização Brasileira, 1983.

VAN DER KOLK, Bessel. *O corpo guarda as marcas: cérebro, mente e corpo na cura do trauma*. São Paulo: Sextante, 2020.

ZARRILLI, Phillip B. *Psychophysical Acting: An Intercultural Approach after Stanislavski*. Londres: Routledge, 2009.

FSC
MISTO
Papel
FSC® C092828

2023
CARBON NEUTRAL
SAVE cerrado

Este livro foi composto com tipografia Adobe Garamond Pro
e impresso em papel Off-White 70 g/m² na Formato Artes Gráficas.